나도 산삼을 캘 수 있다 ②

나도 산삼을 캘 수 있다 ②

대한자연산삼연구소 지음

심정기 · 박종대 · 김동희 · 백명현 · 김창식

중앙생활사

이 책을 펴내면서

우리나라는 예로부터 산수(山水)가 아름답고 경관(景觀)이 빼어나서 금수강산(錦繡江山)이라고 불려왔고, 산과 들에는 기화요초(琪花瑤草)가 풍성하여 살기 좋은 땅이었으며, 4천여 가지 각종 초목이 가득 찬 축복 받은 나라였다. 그러나 점점 인구증가와 산업화로 인하여 풍부하던 식물들은 자취를 감추거나 희귀식물로 변해 버렸다. 그 중에도 세계적인 으뜸인 인삼 즉 자연산 삼도 희소해졌다.

우리나라의 문헌 중 인삼 즉 자연산 삼이 처음 등장한 기록은 A.D. 723년 성덕왕 22년에 신라가 당(唐)에 인삼을 조공했다는 김부식의 삼국사기이며, 그 후 조선시대에까지 인삼은 중국의 조공에서 빠지지 않을 정도로 중요한 품목이었으나 시간이 흐를수록 수요에 비해 채삼량(採蔘量)은 점점 줄었었고, 과다한 공출은 민폐를 끼칠 정도여서 백성들의 원성이 높았다는 기록이 있다. 이러한 까닭으로 재배삼이 등장하여 이를 대체하게 되었다. 무분별한 남획과 채취로 재배삼이 아닌 자연 그대로의 옛날 자연산 삼은 점점 자취를 감추어서 현재에는 거의 멸종상태에 있는 것으로 추정하고 있다. 그나마 재배삼 즉 인삼이나 산양삼의 씨가 조류(鳥類)에 의해서 섭취되었다가 배설물과 함께 떨어져 발아한 자연산삼이 그 명맥을 유지하고 있으나, 이마저도 수가 줄어서 가까운 미래에 우리의 산야에서 없어질 가능성이 아주 높다. 우리 것이 가장 소중하고 세계적이라는 사실에 비추어볼 때에 안타까운 일이라고 할 수 있다.

이와 같은 현실에서 자연산삼에 대한 국제적이고 과학적인 연구가 필요하게 되어 2003년 8월에 대한자연산삼연구소를 설립하게 되었다. 자연산삼연구소의 구성은 형태분류와 환경 및 생태는 심정기 교수, 성분과 효능 연구는 박종대 박사, 임상 및 한의학적 연구는 김동희 교수와 백명현 박사, 형태분석과 산지 및 심마니 네트워크 관리, 기획은 김창식 형태학연구소장이 맡았다.

국내의 자연산삼뿐만 아니라 전 세계에 분포하고 있는 인삼 속(屬) 식물을 대상으로 맡겨진 분야에서 최선을 다할 것이다. 작금의 세계는 WHO의 무역 장벽이 무너지면서 국경 없는 무역 전쟁이 일어나고 있는데, 중국, 미국, 호주 등지에서 대량으로 재배한 인삼 및 산양삼이 밀물같이 몰려드는 반면, 우리나라 자연산삼은 10년 이내에는 자취를 감출 것이라고 예상되고 하고 있다. 이러한 국제적인 추세에서 우리 연구소에서는 자연산삼의 연구가 국가적인 중요한 과업임을 인식하고 난치병(難治病) 연구 등 인류 건강에 보탬이 되도록 최선을 다하여 매진할 것이다.

우리 연구소에서는 첫 사업으로 "나도 산삼을 캘 수 있다 2"를 편찬하게 되었다. 본래 이 책은 김창식 형태학연구소장이 축적해 온 자연산삼의 형태분석을 기초로 하고 각 분야의 연구자들이 참여하여 완성하게 되었다. 이번 발간에는 여러 가지 미비한 점이 많아서 망설였지만, '천리 길도 한 걸음부터' 라는 우리 속담을 생각하며 출판하게 되었다. 많은 분들의 고견과 지도 편달을 앙망하는 바이다.

끝으로 이 책이 발간될 수 있도록 치밀한 배려와 호의를 베풀어주신 한밭대학교 김진용 교수님과 경북 상주 백화산 장뇌농원의 정덕수님, 산그라픽스의 박영석 선생님께 감사를 표한다.

저자 일동

차 례

1. 자연산삼의 유래

인삼이란 본래 자연산 삼을 말하던 것이다 | 12

자연산삼의 잘못된 역사 | 13

자연산삼의 중국 진출 | 15

자연산삼의 본 모습을 찾아서 | 17

2. 자연산삼의 특징

자연산삼은 자연에 순응한다 | 24

천종산삼(天種山蔘)은 신비함의 대명사일 뿐이다 | 30

양각삼(羊角蔘)과 양각연절삼(羊角連節參) | 31

쌍대 | 32

직삼 | 33

장삼(長蔘)과 단삼(短蔘) | 34

자연산삼의 노두(蘆頭=뇌두)와 측근(側根), 횡추(橫皺=횡취) | 34

자연 복토(覆土) 현상 | 37

휴면산삼(休眠山蔘) | 38

3. 자연산삼 캐기의 실제

자연산삼을 찾아 나서기 전에 | 40

자연산삼의 채취시기 | 42

산행할 때 알아야 할 주의사항 | 42

산삼의 불모지 | 44

독메와 원앙메 | 45

자연산삼을 찾으려면 산의 방향 선택이 중요하다 | 46

자연산삼은 음양의 조화를 안다 | 54

자연산삼도 물과 바람과의 관계를 안다 | 68

자연산삼의 이송 및 보관방법 | 73

4. 자연산삼의 진실

삼의 종류 | 76

자연산삼(自然山蔘)이란 | 79

산양삼(山養蔘)이란 | 79

산양삼의 발달 | 81

인삼이나 장뇌삼은 개갑(開匣)처리를 한다 | 82

산양삼의 가지와 잎의 발달 | 82

국가에서 인정하는 산삼 감정사는 없다 | 84

자연산삼을 구입할 때 주의할 점 | 85

봉황삼 | 86

심마니의 문화가 형성되어야 한다 | 87

5. 자연산삼의 효능과 복용방법

자연산삼의 효능 | 90

최근에 부각되는 인삼의 약리효능 | 92

명현현상(瞑眩現象) | 99

자연산삼의 복용 양과 방법 | 102

자연산삼을 생으로 전초까지 먹는다면 | 107

자연산삼을 미음(죽)으로 복용방법 | 109

자연산삼을 복용할 때 빠지기 쉬운 오류 | 111

부록

전 세계의 인삼(*Panax* L.)식물의 분류 및 형태학적 검토 | 120

1 자연산삼의 유래

자연산삼의 연구는 역사에서 시작한다.
우리 인류에게 무한한 복(福)으로 다가온 자연산삼의
숨은 역사를 밝힐 때, 연구의 첫걸음을 내딛는 것이다.

1. 자연산삼의 유래

인삼이란 본래 자연산 삼을 말하던 것이다

　지금처럼 재배한 삼이 없었던 때는 산에서 자생한 삼을 인삼(人蔘)이라고 불렀으나, 16세기경 논·밭에서 재배한 삼이 나온 이후로 옛날 인삼이라고 부르던, 즉 자연적으로 자란 삼을 산삼(山蔘)이라고 칭하게 되었고, 재배한 삼을 인삼이라고 부르게 되었다. 이것은 우리나라가 중국에 자연산 삼을 "인삼"이란 이름으로 조공해 오다가, 채취량이 급감(急減)하자 부득이 조공 물품을 재배삼으로 대체하는 과정에서 인삼이란 이름을 재배삼에 붙인 것으로 보인다.

　최초로 자연산 삼을 기록한 문헌은 전한(前漢, B.C. 202~A.D. 8) 말기 때 쓰인 것으로 추정되는 『위서(緯書)』이다. 『춘추위(春秋緯)』에서 '제왕의 정치가 인삼(人參)의 발생과 관계가 있다'라고 하였다. 또 자연산 삼을 임상에 응용한 최초의 처방이 기록된 문헌은 후한(後漢, A.D. 22~220) 초기의 의서(醫書) 『치백병방(治百病方)』이란 간독(簡牘)으로, 63종류의 식물성 약 중 인삼 즉 자연산 삼이 처방의 한 구성물로 기록되어 있다. 그 후 역대 의서(醫書)에 모두 "人參"으로 적어 오다가 수(隋, A.D. 581~618) 육법언(陸法言)이 저술한 『광운(廣韻)』에서 "蔘"자를 사용하면서 '삼(蔘)은 약(藥)이라 하였다'고 한 이래 人蔘을 주로 쓰게 되었다. "參"자 앞에 "人"자를 덧붙여서 "人參"이라고 한 것은 삼의 뿌리 모양이 사람 모습(人形)과 유사한 까닭에 여타 종류의 "參"들과 구별하기 위함이라고 알려져 있다.

　후한(後漢)에 저술된 것으로 추정되는 『신농본초경(神農本草經)』에

'맛이 달고, 약간 차며, 오장(五臟)을 주로 보하고, 정신을 안정시켜 경계(驚悸)를 그치며, 사기(邪氣)를 제(除)하고, 눈을 밝게 하며, 심지(心智)를 맑게 한다.'라고 한 이래, 한의학의 본초서(本草書)마다 인삼에 대한 효능을 논하고 있는데, 이들은 모두 재배삼이 아닌 자연산 삼의 효능을 기록한 것이다. 명(明, A.D. 1368~1644)의 이시진(李時珍)이 『본초강목(本草綱目, A.D. 1596년 간행)』에 '其參猶來……於十月下種, 如種探法'이라고 파종에 관한 언급을 하였는데, 이 이후에 저술된 본초서의 인삼들은 모두 재배삼의 지칭임을 추측할 수 있다.

한의학 문헌기록상 자연산 삼과 재배삼의 구별되는 바는 약성(藥性)이다. 자연산삼은 대체적으로 약성이 약간 차다(微寒)고 되어 있는 반면, 재배삼은 따뜻하다(溫)고 기록되어 있다. 이같이 약성의 상반된 견해는 삼이 한열증상에 있어 양면성의 효능을 나타낸다는 점에서 이해될 수 있으나, 향후 이에 대한 보다 심도있는 고찰이 필요한 것으로 생각된다.

자연산삼의 잘못된 역사

인삼 즉 자연산 삼이 언제부터 활용되었는가에 대한 답을 구할 때, 대부분의 서적마다 『급취장(急就章)』을 최초로 자연산 삼을 기록한 문헌으로 여긴다. 『급취장』은 전한(前漢) 원제(元帝, 제위기간 B.C. 33~48)때 사유(史游)가 저술한 것으로, "參"이라는 글자가 나오는데 이 삼(參)이 인삼 즉 자연산 삼을 기록한 것이라고 주장한다. 이는 최초로 이마무라 토모(今村鞆)가 1940년에 조선총독부 전매국에서 발간한 『인삼사 상편(人參史上篇)』에 쓴 내용인데, 『고려인삼』과 같이 인삼에 관한 전문서적을 비롯한 대부분의 우리나라 책들이 채록(採錄)하면서 사실로 여겨져 왔다. 물명(物名)과 인명(人名)을 편리하게 암송하기 위해 편찬한 문자교본(文字敎本)인 『급취장』은 일반적인 약제 원지(遠志), 속단(續斷), 토과(土瓜, 주먹참외)와 나란히 삼(參)을 쓰고 있다. 이마무라는 여기에 나오는 삼이 자연산 삼이라고 단정하였다. 그러나 삼(參)이란 글자가 나온 것만으로 자연산 삼에 대한 최초의 기록이 『급취장』이라는 논고는 재고의 여지가 있다.

주(周)와 전국(戰國)시대 사이(B.C. 400~250)에 저술된 『오장산경(五藏山經)』에 진(秦, B.C. 221~207)에서 전한 초기에 『해내경(海內經)』 등 몇 편이 추가된 『산해경(山海經)』이나 전한 초기에 사마천(司馬遷)이 쓴 『사기(史記)』에는 인삼이라는 기록은 없지만, 고삼(苦參)이라는 약제가 나타난다. 전한 문제(文帝, 재위기간 B.C. 180~157)에 매장된 분묘(墳墓)인 안휘성(安徽城) 부양현(浮梁縣) 1호 한묘(漢墓)에서 부장품(副葬品)으로 출토된 『만물(萬物)』은 약물학 전문서로, 식별 가능한 70여종류의 약물 중 23종류의 초류(草類)가 수록되었는데, 인삼은 없지만 자삼(紫參)이라는 약제는 있다. 전한 이전에는 인삼에 대한 인식은 없지만, 고삼이나 자삼에 대한 활용이 더 빈번하였음을 알 수 있다. 이를 근거로 본다면, 『급취장』에 다른 약제와 나란히 쓴 삼(參)이라는 글자가 인삼을 지칭하는 것이라고 결론내리는 논리는 성급하다. 오히려 고삼이나 자삼 중의 하나 혹은 둘 모두를 가리키는 것이라고 하는 것이 더 타당하다고 하겠다.

『신농본초경』의 기록 이래로 한의학에서의 인삼에 대한 의가(醫家)들의 인식을 근거로 해 볼 때, 자연산 삼에 대한 최초의 기록은 『급취장』이 아니라 전한 말기의 『위서(緯書)』로 보아야 마땅할 것이다. 유가의 경전인 경서와 대칭되는 『시위(詩緯)』, 『역위(易緯)』 등의 7위서 중 『춘추위운두추(春秋緯運斗樞)』에서 '제왕의 정치가 인삼의 발생과 관계가 있다'라고 하였다. 인삼 즉 자연산 삼은 모든 약들 중 제왕의 예우를 받았음을 역대 의서에서 볼 수 있다.

인삼 즉 자연산 삼을 임상에 응용한 처방이 기록된 최초의 문헌이 후한 장중경(張仲景)의 『상한잡병론(傷寒雜病論)』이라는 것도 역시 이마무라의 『인삼사(人參史)』에서 인용한 것으로 마땅히 시정되어야 한다. 이마무라의 『인삼사』가 발간된 지 40년 후인 1972년에 감숙성(甘肅城) 무위현(武威縣)에서 후한 초기의 분묘(墳墓)가 발굴되어 92매(枚)의 의방(醫方)을 기록한 간독(簡牘)이 출토되었다. 이 의방들은 A.D. 200년대의 『상한잡병론』보다 약 100여 년이 앞서는 것으로 보고 있다. 『치백병방(治百病方)』이라는 서명(書名)으로 정리된 목간(木簡)에는 30여 개의 처방에 100여 종류의 약물을 사용하였는데, 그 중 63종류가 식물을 약으로 한 것으로 고삼과 더불어 인삼 즉 자연산 삼도 분명하게 기록되어 있다. 따라서 자연산 삼을 응용한 처방이 기록된 최초의 문헌은 『치백병방』이다.

자연산삼의 중국 진출

인삼 즉 자연산 삼은 중생대(中生代)에 출현하여 신생대(新生代)부터 번성했다는 피자식물에 속하는데, 중국 중앙에 등장한 것은 전한(前漢) 때이며, 문헌에 기록된 것은 전한 말기 『위서(緯書)』부터이다. 중국인들이 최고의 양약(良藥)인 인삼을 비교적 늦은 시기인 한대(漢代)에 인식하기 시작한 것은 시대 상황과 무관하지 않다. 진시황(秦始皇, 재위기간 B.C. 246~210)이 동방에서 구하고자 한 불로초에 대하여 주장이 분분하지만,

대체적으로 영지(靈芝)와 더불어 인삼 즉 자연산 삼이 속했을 거라는 추론에는 이의가 없는 편이다. 진시황에게 불로초로 제안되었을 인삼 즉 자연산 삼이 168종류의 초류(草類)가 나오는 『이아(爾雅)』나 156종류의 식물 중 68종류가 약용으로 쓰였다고 기록 된『산해경(山海經)』, 그리고 100여 종류의 동식물이 약물로써 가치를 지닌 『시경(詩經)』 등과 같은 전한(前漢) 이전에 쓰인 문헌 어디에서도 그 기록을 찾아볼 수 없다. 전한시대의 분묘(墳墓)에서 부장품으로 출토된 목간, 죽간 등의 의서에서도 인삼은 발견되지 않는다. 70여 종류의 약물 중 23종류가 초제(草劑)로 나오는 전한 문제 때의 안휘성(安徽城) 부양현(浮梁縣) 한묘(漢墓)나, 『오십이병방(五十二病方)』 등 14권의 의서(醫書)에 400여 처방과 330종류의 약물이 수록된 백서(帛書)와 죽간(竹簡)이 출토된 장사(長沙) 마왕퇴(馬王堆) 한묘의 부장품에도 인삼에 대한 기록이 없다.

이는 국제 정세적인 요인으로 풀이된다. 천하를 통일한 진(秦)은 '진을 망하게 하는 것이 호(亡秦者胡)'라는 참언(讖言)으로 흉노의 침입을 막기 위하여 B.C. 214년부터 만리장성을 축성하기 시작하였는데, 이로 인하여 중국인삼의 주산지라는 산서성(山西城)과 하북성(河北城)의 경계를 이루는 태행산맥(太行山脈)이 장성의 북부경계에 위치하게 되었고, 인삼의 주산지인 동북지역 및 한반도의 조선(朝鮮)이 장성으로 가로막혀 그 지방의 토산물(土産物)에 대하여 알려지지 않게 되었는데, 이런 상황은 한(漢) 무제(武帝, 재위기간 B.C. 141~87))까지 이어지게 된다. 전한(前漢) 초기의 요동(遼東)은 동북단에 위치한 지역적 환경 때문에 한족(漢族)만이 아닌 다른 종족이 거주하기도 하였고, 색외민족(塞外民族)의 침입도 잦았으며,

진(秦)의 가혹한 지배에 대한 반동(反動)으로 다소 완화된 지방통치 정책을 펼쳐 군현(郡縣)과 봉국(封國)이 병존하는 군국제(郡國制)로 남게 되었다. 이는 중앙집권적 군현제(郡縣制)가 강력히 실시된 전한(前漢)에서는 이례적인 경우이었으며, 다른 나라인 한반도의 조선(朝鮮)은 물론 요동과의 교류가 활발하게 이루어지지 못하게 되었다. 따라서 한반도의 조선(朝鮮)과 요동에서 나는 특산물의 유입이 차단되었으며, 인삼 역시 중국에 소개되지 못한 것으로 생각된다.

이런 상황의 종식은 흉노족에 의하여 B.C. 166년의 요동군이 괴멸되고, B.C. 128년에 요동군 서쪽의 요서군(遼西郡)과 북경(北京) 동북쪽의 어양군(漁陽郡)이 점령된 것에 대한 반격으로 비롯된 한 무제의 동진정책(東進政策)에서 시작하여 B.C. 108년 조선(朝鮮)을 멸망시키고 한사군(漢四郡)을 설치하면서 완성되었다. 한반도가 낙랑(樂浪), 진번(眞番), 임둔(臨屯), 현도(玄菟) 4군의 설치로 중앙정부의 통제 하에 놓이게 되었으며, 다소 통제가 느슨했던 요동도 한 울타리 안에 묶게 되어 자연스럽게 문물의 교류가 성립되었다. 이로 자연산 삼이 중국에 소개될 수 있는 토대가 마련되었다. 이로부터 100년 동안 자연산 삼에 대한 초보적 개념이 임상에 직접 쓰일 수 있을 정도로 심화되었고, 후한 초기에 비로소 인삼에 대한 기록이 등장하게 된다.

자연산삼의 본 모습을 찾아서

고래(古來)로 동양에서 최고의 양약(良藥)을 말할 때, 인삼 즉 자연산 삼을 제외할 수 없다. 동양 3국 모두 매우 귀중하게 인식되는 인삼 즉 자연산 삼(Ginseng Radix)은 우리나라와 중국의 동북지역에 자생한다. 재배삼의 분포가 북위 33~43°지역인 점을 감안한다면, 자생지역은 훨씬 축소되어야 할 것이다. 중국의 의서(醫書)마다 인삼을 빼놓지 않고 항상 상약

(上藥)으로 기록하고 있지만, 역대 문헌을 고증하다 보면, 중국 사료(史料)의 기록들이 인삼 즉 자연산 삼과 같은 식물을 대상으로 하고 있는지, 아니면 인삼이라고 부르지만, 인삼(*Panax ginseng* C. A. Meyer)이 아닌 인삼속(屬)의 다른 종(種)을 지칭하는 것은 아닌지 하는 의문이 들 정도로 석연치 않은 점이 많다. 결론적으로 역사 속의 중국인삼은 인삼의 효능이 혼입되었으나, 형태나 생태는 인삼과 비슷한 유사인삼이라고 여겨진다. 국내에도 이런 논거를 편 학자들이 있는데, 다음은 『대한의사학회 의학사』에 게재된 〈중국인삼의 실체에 대한 비판적 고찰〉이란 논문을 참고하여 필자들의 견해를 덧붙인 것이다.

최초로 인삼 즉 자연산 삼의 형태학적 기록은 위(魏, A.D. 220~265) 때 화타(華佗)의 제자 오보(吳普)가 지은 『오보본초(吳普本草)』에서 볼 수 있다. 『오보본초』의 기록을 보면 '인삼은……한단(邯鄲)에서 난다. 3월에 잎이 나고, 씨는 검으며, 줄기에 털이 있다. 3월과 9월에 뿌리를 캐고, 뿌리의 머리와 손, 다리 등의 생김새가 사람과 닮았다'라고 그 형태의 관찰을 적고 있는데, 『오보본초』는 산실(散失)되었으나, 이 기록은 송(宋, A.D. 960~1177) 이방(李昉)이 편찬한 『태평어람(太平御覽)』이라는 백과사전에 남아 있다. 한단은 전국시대 조(趙)의 수도로, 현재의 하북성(河北城)에 위치한 곳이며, 태행산맥(太行山脈) 부근으로 인삼 즉 자연산 삼의 주산지와 일치하나, 씨가 검으며 줄기에 털이 있다는 기록은 자연산 삼과 전혀 다른 종의 인삼이지는 않았을까 생각된다.

남북조시대 양(梁, A.D.502 ~557)의 도홍경(陶弘景)이 저술한 『명의별록(名醫別錄)』에서는 형태, 산지별 형태 및 품질 비교, 보관방법, 생태 및 자생환경 등이 자세하게 기록되어 있다. '人參 形長而黃, 狀如防風, 多實潤而甘, 俗用不入服'은 형태를 기록한 것이고, 백제(百濟), 고려(高麗), 상당(上黨) 등의 세 지역에서 나는 인삼의 크기, 견고함을 비교하면서 상당에서 나는 것으로 으뜸을 삼았다. 참고로 서진(西晉, A.D. 265~316)의 진수(陳壽)가 쓴 『삼국지(三國志)』〈위지(魏志) 동이전(東夷傳)〉에서 고구려(高句麗) 항목을 고려조(高麗條)로 한 이래, 중국에서는 고구려를 고려로 불렀다. 보관방법으로는 좀(蛀)이 먹기 쉬우므로 썰어서 용기에 밀봉한 상태로 보관해야 한다고 하였다. 또 '人參生一莖直上,

자연산삼의 꽃은 연한 황록색이다.

四五葉相對生, 花紫色, 高麗人作人參讚曰: 三椏五葉, 背陽向陰, 欲來求我, 椵樹相尋. 椵樹葉似桐, 甚大, 蔭廣 則多生陰地'로 기록한 것은 생태 및 자생환경에 대한 관찰로, 하나의 줄기(莖)로 곧게 자라는 점과 세 가지에 다섯 잎(三椏五葉)이란 점, 그리고 오동나무(桐)나 유자나무(椵)와 같은 잎이 매우 커서 그늘이 넓은 활엽수 아래의 음지(陰地)에서 자생한다는 점은 비교적 사실적인 기록이나, 잎이 돌려나기(輪生)가 아닌 점과 꽃이 연한 황록색(黃綠色)이 아닌 자색(紫色)이란 점은 역시 중국인삼이 다른 종이 아닐까 사료된다. 비록 본서(本書)는 당나라 이후에는 전해지지 않지만, 잎이 돌려나기(輪生)가 아닌 점은 명(明) 이시진(李時珍)의 『본초강목(本草綱目)』에까지, 자색의 꽃은 송(宋) 소송(蘇頌)이 간행한 『도경본초(圖經本草), A.D. 1072 간행』에까지 영향을 주었다.

당(唐, A.D. 618~907)의 육구몽(陸龜蒙)이 지은 『당보리선생문집(唐甫里先生文集)』중 〈和題達上人藥圃〉라는 시(詩)가 있는데, '藥味多從遠客齎, 旅添花圃旅成畦, 三椏舊種根因異......(중략)......從今直到淸秋日, 又有香苗幾番齊' 라고 하였다. 삼아(三椏)는 인삼을 말하는 것이나, 마지막 구절의 향기가 난다는 것은 향이 없는 인삼을 과장했거나, 아니면 인삼과 다른 식물로 향기 나는 중국인삼이 존재했을 수 있다고 추정할 수 있다.

송(宋)은 대량출판과 고서적(古書籍)에 대한 실증적 교정을 바탕으로

전대(前代)에 비하여 학술
적 발전이 성행하였다. 특
히 의학에서는 전해 오는
의서의 잘못된 점을 바로잡
고, 흩어져 있는 내용들을
취합하여 증보(增補)시켰
다. 본초서에서도 이런 변
화가 적용되었으며, 아울러
약물마다 참고그림을 곁들
이는 작업을 하였는데, 『도
경본초(圖經本草)』와 당진

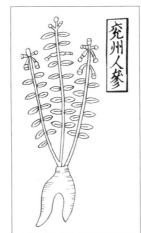

경사증류비급본초(經史證類備急本草)의 인삼,
청패부터 상당인삼이라는 명칭으로 당삼의 참고 그림이 되었음(우)

미(唐愼微)의 『경사증류비급본초(經史證類備急本草)』가 대표적인 예이다.
『경사증류비급본초(經史證類備急本草)』에는 중국인삼의 주산지인 노주(潞
州) 상당군(上黨郡)의 인삼 참고그림 2개를 기재하였는데, 첫 번째 노주(兗
州) 인삼은 논외(論外)로 하고, 두 번째 노주(潞州) 인삼의 그림은 자못 상
세하다. 그러나 잎에 톱니이빨(鋸齒)이 없고, 잎자루(葉柄)가 어긋나 있으
며, 꽃차례(花序)가 우산모양(繖形)이 아닌 점과 노두(蘆頭=뇌두)에 대한
묘사가 간과된 점은 자연산 삼과 거리가 있다. 송(宋)의 철저한 고증주의
(考證主義)를 전제로 한다면 이 그림들은 자연산 삼이 아니라고 결론을 내
릴 수 있다.

　중국의 문헌 여러 곳에는 인삼이 자생하기 어렵거나 할 수 없는 지역에
서 중국인삼을 채취하거나 재배하였다는 기록을 볼 수 있는데, 심지어 절
강성(浙江城)의 종산(鍾山), 장흥(長興) 등 아열대 지역인 강남(江南)에서
조차 재배한 기록이 있다. 이 지역에서 중국인삼의 채취 및 재배가 있었다
면 인삼과 별개인, 그러나 중국인들이 인삼이라고 불렀던 인삼속(屬) 식물
중에 한 종류가 아니었을까 사료된다. 또한 지방 특산물을 진상(進上) 받
는 토공(土貢)에서도 자생할 수 없는 지역까지 할당했다는 기록이 있다.

당(唐) 두우(杜佑)의 『통전(通典)』이나 구양수(歐陽修), 송기(宋祁) 등의 『신당서(新唐書)』에서는 상당(上黨)과 함께 인삼이 자생할 수 없는 지역인 하남성(河南城)이나 하북성(河北城)에까지도 지방관에게 많은 양의 인삼을 징수하도록 한 기록이 있다. 이 역시 인삼이라고 불리지만 인삼과 별개의 또 다른 인삼속(屬) 식물이 있었다는 증거가 아닐까 생각된다.

앞에서 고찰한 내용을 토대로 중국인삼을 재구성해 보면, 꽃은 자색(紫色)이며 향기가 나고, 잎은 어긋나며(互生), 줄기에 잔털이 있고 씨가 검으며, 산서성의 상당에서 강남인 절강성까지 분포하면서 토산물로 공납물품에 할당될 만큼 많은 채취 및 재배가 있었던 식물, 이것이 중국인삼의 역사적인 모습이다. 중국인삼은 우리의 인삼과 식물학적인 특징이 많이 다름을 알 수 있다. 혹자는 중국인삼을 한대 이후부터 산서성 상당지역에 산출되었다가 명대에 멸종한 역사의 삼이거나 인삼속(屬)에 속하는 변종인삼으로 이종설(二種說)을 주장하나, 이는 논거의 비약이 있는 듯하다. 현재는 인삼속(屬) 삼칠(三七)을 중국인삼이라고 한다.

본초강목(本草綱目)의 인삼

중국에서는 본초서마다 우리의 인삼과 동일품종으로 인식하면서, 상당산(上黨産) 인삼을 우리의 인삼과 비교하여 더 좋은 인삼으로 여겨왔다. 그러나 이런 인식은 명(明)과 청(淸, A.D. 1636~1912)에 들어서면서 변화하여 중국인삼과 인삼을 구별하기 시작하였다. 장로(張璐)가 지은 『본경봉원(本經逢原)』에 처음으로 상당

식물명실도고(植物名實圖哭考)의 인삼

인삼을 인삼과 분리하였고, A.D. 1757년 오의락(吳儀洛)은『본초종신(本草從新)』에서 당삼(黨參, Codonopsis pilosulae Radix)이란 항목을 처음으로 만들고, 상당인삼을 당삼의 이명(異名)으로 삽입시켰다. 현재 한의학에서 초롱꽃과(桔梗科) 당삼은 다소 논란은 있지만, 만삼(蔓參)으로 더덕을 칭하는 말이다. 만삼은 자색의 꽃이 피고, 독특한 향취가 나며, 줄기에 잔털이 있고, 씨는 짙은 갈색(褐色)으로, 분포지역은 동북지역부터 하북성(河北城), 하남성(河南城), 산서성(山西城), 협서성(陝西城), 감숙성(甘肅城)에까지 이른다. 당삼의 효능은 보중(補中), 익기(益氣), 생진(生津)으로 인삼과 비슷하나, 보(補)하는 효능이 인삼보다 약하다. 중국에서는 서민들이 다소 값이 싼 당삼을 인삼 대용(代用)으로 사용하여 왔다.

중국에 최고의 양약(良藥)인 인삼이 알려진 것은 전한(前漢)의 무제(武帝)가 요동의 흉노(匈奴)를 평정하고, 더 나가 조선(朝鮮)을 멸망시킨 후, 한사군(漢四郡)을 설치하면서 시작되었을 것으로 보인다. 이때부터 중앙과 덜 교류가 있던 태행산맥을 비롯한 요동일대와 다른 집권세력의 영향 아래에 있던 한반도에서 산출되던 인삼이 전한(前漢) 중앙에까지 알려지게 된 것이다. 그 후 임상을 거치면서 전한 말기에 인삼 실존의 기록과 후한초기에 인삼 효능의 기록이 나타나기 시작한다. 또한 요동과 한반도에서 중앙까지의 먼 거리는 저장 운반능력이 부족하여 인삼을 전초 형태로 알려지게 하는 데는 큰 장애가 되었다. 따라서 중국 문헌에 등장하는 중국인삼의 효능은 대체로 인삼의 기록을 쓰되, 형태 특히 생태에 대한 인식은 매우 부족한 것으로 보인다. 『오보본초』나 『명의별록』의 기록과 청(淸)까지의 역대 도감의 형태 특히 생태는 아마도 인삼을 말린 형태로 구입한 뿌리부분만 보고 역대 문헌의 기록을 기초로 재구성하여 작성했거나, 한반도나 요동지방에서 온 사람들에게서 들은 이야기에 당시 인삼으로 여기던 중국인삼의 것을 끼워 넣은 것으로 보인다.

2 자연산삼의 특징

자연에 순응하여 살아가는 자연산삼의 모습은
영초(靈草) 그 자체의 모습이다.
자연 그대로 모습에서 효능의 숨결이 살아있다.

2. 자연산삼의 특징

자연산삼은 자연에 순응한다.

동물이나 식물, 미생물을 막론하고 생명력이 있는 모든 개체들은 자연의 법칙에 순응(順應)하여야 그 자신은 물론 후손까지도 번성할 수 있다. 자연의 법칙에 역행(逆行)하지 않고 순응하여 번성하려고 하는 욕구가 바로 본능이다. 생존하려고 하는 욕구와 종족을 번식시키려는 욕구는 가장 기본적인 본능이라 할 수 있다.

자연산삼의 생태를 살펴보다 보면 자연산삼 역시 자연에 순응함을 볼 수 있으며, 그에 따른 형태적 특성과 변이를 갖게 됨을 관찰할 수 있다. 산에서 자생하던 자연산삼의 씨가 떨어지던, 자연산삼의 열매나 산양삼 (山養蔘, 장뇌삼) 혹은 인삼의 열매를 까치 같은 조류들이 먹고 배설물에

일조량에 따라 첫해의 잎이 다르다.

씨가 섞여 산에 옮겨지던 그 씨들이 생존환경이 갖추어지면 지표면에 안착하여 뿌리를 내리게 된다. 몇%의 씨가 지표면에 안착하여 발아하는지는 알 수 없으나, 발아하면 삼대(莖, 줄기)가 나오고, 삼대에 하나의 잎자루(葉柄, 또는 久)가 생기며, 그 끝에 세 개의 잎(3葉)이 나서 첫해를 맞는 것이 보통이지만, 일조량에 따라서 첫해의 잎의 수가 다르다. 일조량이 부족하면 1葉 혹은 2葉으로 태어나는 것도 볼 수 있는데, 어린 싹들은 해를 거듭하여 4葉 또는 5葉으로 성장하는 것으로 추정된다. 처음 잎자루 하나(一久)에서 시작하여 연륜(年輪)을 더해가면서 점차 발달하여 5久5葉, 또는 5久7葉으로 성숙하는데, 최고 6久7葉까지 필자들이 직접 채취한 경험이 있고, 자연산삼 삼대에서 잎자루(久)가 시작하는 곳에 작은 잎 즉 턱잎들이 추가로 달린 특별한 경우를 본 경험이 있다.

또한 인삼이나 산양삼, 자연산삼 모두 보통 3久가 되면 꽃이 피고 열매를 맺는다. 3久 중 2久가

2구

3구

4구

5구

6구   7엽

5葉이 되고, 나머지 1久가 3葉이나 4葉정도 될 때부터 2~3개의 열매를 맺고, 3久 전부 5葉이 되면 5~9개의 열매를 맺는다. 이 때부터 지상부의 하중이 열매로 인하여 증가하기 시작한다. 4久로 성장한 자연산삼의 4久 중 3久가 5葉이고, 나머지 1久가 아직 5葉이 안될 때는 대략 20개 안팎의 열매를 맺고, 모두 5葉이면 20~30개의 열매를 맺는다. 5久일 때, 5久 중 어느 1久라도 5葉이 안되면 30~40개의 열매를, 모두 5葉이 되면 약 40~50개의 열매를 맺게 되며, 6久 중 모두 5葉 이상이면 50개 이상 열매를 맺게 되는 것을 볼 수 있다.

3구 때부터 개화가 됨   홍숙된 열매   꽃수(花序)

초봄에 싹을 틔워 5월 중순경이면 잎들이 다 성장하고, 성장한 잎들은

은은한 햇빛을 받아들여 광합성을 하고, 수분이 많은 뿌리로 향하는 햇빛을 차단하여 뿌리의 수분 증발을 막는 역할도 한다. 가을이 되면 모든 영양분을 뿌리에 저장한 후 1년의 생활사를 마치게 되며, 지하부는 모든 영양분을 저장하였다가 다시 봄에 줄기와 잎을 만든 후 꽃을 피게 하는 등 지상부를 발달시키는 것은 종족번식의 본능이다.

지상부가 성장 발달하면서 지하부에 미치는 하중이 점차 증가하는데, 지하부는 지상부 전체를 받쳐 주고 지탱하는 역할을 하게 된다. 아래 그림에서 보듯 1久일 때는 흙에 뿌리를 내리는 것이 중요하지만, 2久로 성장하면서부터 지표면의 영양분을 흡수하는 일과 점점 증가하는 지상부 하중을 지탱하고자 하는 일에 유리하도록 지하부는 직삼(直蔘)에서 곡삼(曲蔘)으로 변한다. 즉 몸을 세우지 않고 온 몸으로 지상부를 받쳐 주어야 하기 때문에 옆으로 뿌리를 뻗게 되는 것이다. 이는 종족을 번식시키고 생존을 하기 위한 본능으로 보이는데, 그 양태를 음미해 보면 가히 영초(靈草)라는 말을 하지 않을 수 없다.

자연산삼의 씨는 지표면에 인위적으로 구멍을 파서 안전하게 깊이 심겨 지는 것이 아니다. 얇게 묻힌 자연산삼의 씨는 발아하여 비바람 같은 자연현상에서 생존하기 위하여 완만한 지역에서는 최대한 많은 지근(支根)을 여러 방향으로 발달시킨다. 이런 현상은 비바람이 심하게 불어오면 사람도 발을 벌려 넘어지지 않으려고 버티는 모습과 같다. 경사도(傾斜度),

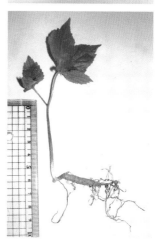

토질(土質) 등의 환경에 따라서 뿌리의 발달 양태(樣態)가 다른데, 경사가 심하면 흙이 많은 쪽으로 뿌리를 발달시키고, 부드럽고 약한 토질이면 최대한 깊게 뿌리를 뻗으며, 토질이 단단하여 깊이 파고 들어가지 못하면 지근(支根)을 여러 갈래로 발달시키는데, 한 갈래의 뿌리보다는 두 갈래의 뿌리로 지탱하는 것이 훨씬 수월하기 때문이다. 다른 수목들이 가까이 있는 지역에서 자생하는 자연산삼은 지근이나 잔뿌리를 수목들의 뿌리 쪽으로 발달시키는데, 이는 비록 수목들과 자양분을 흡수하려고 경쟁하는 불리한 조건이지만, 다른 수목들의 뿌리를 잡고 지상부를 지탱하고자 하는 생존본능이라고 사료된다. 죽은 수목의 뿌리와 가깝게 자생하는 자연산삼은 지근을 발달시키나 잔뿌리는 없는데, 이로 미루어 볼 때 지근은 지상부를 지탱하기 위하여 발달시키고, 잔뿌리는 자양분을 흡수하기 위하여 발달시키는 것으로 생각된다.

바람이 더 많이 부는 산봉우리나 언덕에 자생하는 자연산삼은 지근만으로는

수목과 뿌리가 엉켜 잔뿌리가 발달해 있음

양방향 곡삼으로 토질이 단단하여 지근을 발달시킴

경사가 심하여 흙이 많은 쪽으로 뿌리를 발달시킴

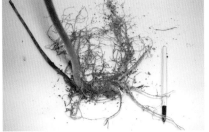
여러 방향으로 지근을 발달시켜 안전한 자세를 유지함

지상부를 지탱하기 어려우므로 측근(側根)까지 발달시킨다. 측근은 턱수라 하여 뇌두에서 옆으로 가늘게 발달하는 것으로, 어느 한 쪽으로 중심이 기울어져 지탱하기 어려울 때 이를 받쳐 주는 역할을 한다. 여러 방향

측근

측근이 발달된 한 방향곡삼(단삼)

으로 지근이 발달된 자연산삼에서는 측근이 잘 발달되지 않고, 주위 환경 여건상 주근(主根)이 한 쪽으로만 발달할 수밖에 없어 반대쪽으로 중심이 기울어진 자연산삼에서 주로 발달한다. 측근은 마치 산봉우리에서 심한 비바람을 만난 사람이 지탱해 줄만한 물체를 손으로 부여잡거나, 몸을 일으키지 않고 땅을 짚고 있는 것과 같은 모습처럼 보인다.

흙이 많은 곳으로 지근을 뻗음

고목의 지근도 흙이 많은 곳으로 뻗음

여러 방향으로 지근이 발달된 자연산삼

여러 방향으로 지근이 발달된 고목

측근

언덕쪽으로 주근과 지근을 뻗음　　　　　언덕쪽으로 지근을 발달시킨 소나무

　　이렇게 여러 가지의 정황을 관찰하고 연구해 보면 人蔘(인삼)이란 한자
의 뜻이 얼마나 심오한가를 새삼 느낄 수 있다.

천종산삼(天種山蔘)은 신비함의 대명사일 뿐이다.

　　지금의 자연산삼이나 산양삼, 재배인삼의 원종(原種)이라는 표현을 하
고자 할 때 흔히 천종산삼이라고 한다. 그러나 막상 천종산삼의 형태가 어
떻게 생긴 것을 천종산삼이라고 하는가를 질문하면 답하기가 어려울 것으
로 본다. 또한 식물학적인 증거나 기록이 전혀 없기 때문에 확인할 방법이
묘연하다.

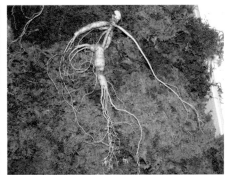

지근과 잔 뿌리가 잘 발달되어　　　　　2003년에 천종산삼으로 둔갑되었던 장뇌삼
천종산삼으로 둔갑되기 쉬운 자연산삼　　(2002년 경북 상주 백화산 장뇌농장에서 제공된 장뇌삼

천종산삼이란 단어는 많이 사용하지만 삼의 종류도 아니고, 천종산삼에 대한 객관적인 어떤 자료도 없다는 것을 알아야 하며, 단순히 지근(支根)이나 측근(側根)등이 발달된 것을 보고 천종산삼 운운하여 소비자를 현혹시키는 행위는 마땅히 근절되어야 한다. 이런 경우 일시적 판매에는 도움이 될지 몰라도 신뢰성을 잃을 수 있다.

양각삼(羊角蔘)과 양각연절삼(羊角連節蔘)

30~50도 사이의 경사면 중 7부 이상의 위치에 자연산삼이 자생하는 경우, 위쪽에서 토사가 흘러 내려와 자연복토를 해 주기도 하지만, 자연산삼이 뿌리를 내리고 있는 곳의 흙이 더 낮은 지역으로 유실되는 경우가 오히려 더 많다. 이런 경우 토사가 유실되면 자연산삼은 생존을 위하여 흙이 상대적으로 더 많은 곳으로 주근(主根)과 미(尾) 또는 지근(支根) 등을 발달시켜 지상부의 하중을 지탱하면서 자양분을 흡수하려고 한다. 그로 인하여 지하부가 특이한 형태로 발달하는데, 어떤 경우는 양의 뿔이나 기타 여러 가지 동물의 모양처럼 보인다. 이런 형태로 발전한 자연산삼을 양각삼(羊角蔘), 양각연절삼(羊角連節蔘) 또는 학삼(鶴蔘) 등의 명칭을 붙여 주는데, 자연산삼의 진위여부와 효능과는 무관하다.

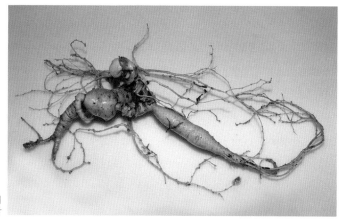

하중을 지탱하기 위하여
지근이 잘 발달된 연절삼

쌍대

자연산삼은 두릅나무과(五加科) 인삼속(屬)에 해당하는데, 이 무리의 지상부인 삼대는 단생(單生) 즉 줄기가 하나로 나는 것이 특징이다. 그러나 인삼, 장뇌삼, 자연산삼에서 두 줄기의 삼대를 가끔 볼 수 있는데 이것을 쌍대라 한다.

이것은 병으로 기인하는 것이 아니라, 단지 둥글고 납작한 콩팥 모양의 보통 삼씨와 달리 쌍대는 계란 모양의 삼씨가 둘이 붙어 각각 발아하는 것으로 추정된다. 인삼과 장뇌삼은 개갑(開匣) 처리할 때 간혹 분리해서 파종해 보면 각각 하나의 삼대로 싹이 나는데, 자연산삼은 인위적으로 분리하는 것이 아니고 자연적으로 전파되어 발아되기 때문에 드물지만 쌍대를 보게 되는 것이다. 그러나 이 역시 자연산삼의 진위여부의 기준이나 더 나은 효능이 있다고 밝혀진 것이 없다.

쌍대인 자연산삼(전초의 무게 77g)

직삼(直蔘)

　뿌리가 일직선으로 뻗어 있어 직삼(直蔘)이라 하는데, 자연산삼의 경우는 직삼이 드물게 있으나 장뇌삼의 경우는 직삼이 많이 있다. 장뇌삼은 자양분의 층이 비교적 두꺼운 활엽수림의 지표면에 약 5cm의 구멍을 파고 씨를 파종하거나 인위적으로 묘삼을 이식한다. 활엽수림 아래의 토양은 일정 깊이까지는 아래층일수록 자양분의 농축이 많아지게 되므로 자연스럽게 자양분이 많은 쪽으로 뿌리를 내리는 식물의 본능 때문에 직삼으로 발전하는 경우가 많고, 자연산삼의 씨가 지표면에 떨어져 발아하는 곳은 혼효림인 관계로 자양분의 층이 얇아 자연산삼의 뿌리는 성장할수록 지표면을 따라 옆으로 발전하게 되어 ㄴ자나 메산(山)자처럼 누워 있는 형태를 주로 띤다.

　자연산삼이 직삼으로 성장하는 경우는 경사가 급하여 배수가 너무 잘되는 곳에 있다. 주로 입자가 굵은 마사(磨砂) 토질로 배수가 잘되어 지표면보다는 아래층으로 갈수록 자양분이 더 많아 뿌리를 곧게 뻗어 내려간다. 대부분 전초가 빈약한 것이 특징이며, 자연산삼은 직삼이 드물다.

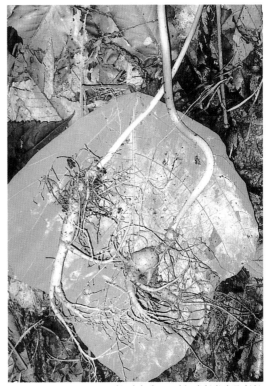

가늘면서 밑으로 뻗은 직삼(좌)과 곡삼(우)

장삼(長蔘)과 단삼(短蔘)

장삼(長蔘)이란 형태학적으로 주근(主根)이 지표면을 따라 옆으로 길게 뻗은 자연산삼을 일컫는 것으로, 주로 부드러운 토질 즉 양토(壤土)나 황토(黃土)에서 대체적으로 장삼이 나며, 활엽수 아래의 황토(黃土)에서 자생한 장삼은 노두(蘆頭=뇌두)가 거의 없다. 장삼에 관한 특징을 잘 모를 경우, 인삼이나 장뇌삼, 아니면 품질이 떨어지는 자연산삼으로 오인하기 쉬우므로 세심한 관찰이 필요하다.

단삼(短蔘)이란 주근(主根)이 짧은 삼을 말하기도 하고, 한자(漢字)로 둥글 단(團)을 써 단삼(團蔘)이라고도 하는데 주근이 둥글게 뭉치듯 생긴 삼을 말한다. 일반 사람들은 이 두 유형의 자연산삼을 더 선호하는 경향이 있는데 이 장삼이나 단삼 모두 효능이 더 좋다고 말할 수 없다. 비교적 단단한 토질에 자생한 자연산삼의 경우에 단삼의 형태를 많이 하고 있다.

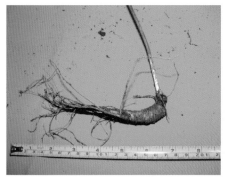 

장삼   주근이 둥글게 생긴 단삼

자연산삼의 노두(蘆頭=뇌두)와 측근(側根), 횡추(橫皺=횡취)

지금까지 일부 사람들이 노두(蘆頭=뇌두)와 횡추(橫皺=횡취)를 왜곡(歪曲)하여 장뇌삼을 천종산삼으로 둔갑시키는 사례가 많았다. 특히 뇌두

와 횡취의 수를 이용하여 그릇된 장사에만 열중하고 있는데, 이제는 연구를 하여 명확하고 과학적인 근거를 제시할 수 있도록 각고(刻苦)의 노력이 중요하다. 특히 자연산삼의 삼령이 많을수록 효과가 더 좋을 것이라는 생각은 현재까지의 연구 결과로 볼 때 고정관념에 불과하다.

뇌두는 낙엽성 다년생 초본식물인 삼(蔘)들이 추운 겨울을 지낸 후 새싹이 덮여 있는 흙을 헤집고 돋아날 때 생기는 현상이다. 자연산삼은 다른 다년생 초본식물처럼 봄에 싹이 나서 지상부의 활동을 하다가 가을에 지상부가 마르고 겨울이 지나 이듬해 봄에 다시 새싹을 틔우는 것이 아니다. 자연산삼은 그해 가을 가지와 잎이 채 마르기도 전, 그 지역에서 잠자리가 날기 시작할 무렵 뇌두의 다른 부위에서 이미 새싹이 움트고 있는 것을 직접 산삼을 채취하는 심마니들은 보았을 것이다. 기존 삼대는 여전히 싱싱하게 존재하고 있는 시점에서 새 삼대가 이미 시작을 알리고 있는 것으로, 꼭 묵은 삼대 위에 해마다 추가로 뇌두가 생긴다고 볼 수 없다. 이러한 사실을 모르고 뇌두의 수가 산삼의 연령이라고 단정하는 것은 합당하지 않다.

씨앗이 지표면에 떨어져 발아하는 자연산삼은 땅을 파서 재배한 산양삼보다 상대적으로 땅속으로 덜 깊이 들어가므로 뇌두의 길이가 짧거나 수가 더 적다. 그러나 겨울에 더 추운 지방의 자연산삼일수록 뇌두의 길이가 길어지기도 하는데, 이는 자연환경에 적응하기 위해서 땅 속으로 더 움츠리는 현상 때문에 뇌두의 마디가 다소 많아지는 것으로 보인다. 또 뇌두의 마디는 일조량에 따라 다소 차이가 있음도 관찰된다. 같은 산이라도 북쪽 방향에 자생하는 자연산삼은 다른 방향보다 성장속도가 다소 느리기 때문에 상대적으로 뿌리가 빈약하며 잎들도 좁고 뾰족한 것이 특징이다. 북쪽의 음지, 특히 소나무 아래에 자생하는 자연산삼은 일조량 부족으로 뇌두의 마디가 다소 많은 경우가 있다. 같은 북쪽 방향이라도 자생하는 높이에 따라 다른데, 일조량이 아주 부족한 산 아래쪽에서 자생하는 자연산삼은 뇌두의 마디가 더 많다. 이는 겨울철에 산 아래쪽이 양지(陽地)보다

음지(陰地)가 될 경우가 많아 일조량이 상대적으로 적어 더 추우므로 얼어 죽지 않기 위하여 땅속으로 더 움츠리는 현상으로 생각된다.

뇌두는 지상부의 하중이 많아지기 시작하는 4구(久) 때부터 증가하기 어렵다. 물론 지역에 따라 다소의 차이는 있을 수 있으나 4구가 되면서 뇌두 증가보다는 턱수가 발달하여 측근(側根)이 형성되는데, 이 측근은 자양분을 흡수하고 뇌두를 굵게 만들어 지상부를 지탱하는 역할을 도우는 것이다.

횡취는 배수가 잘 안되어 토질이 음습(陰濕)하고 일조량이 부족하여 그늘이 지고, 겨울에 차가운 바람이 불어와 상대적으로 추운 곳에서 생긴다. 자연산삼은 횡취가 없는 경우가 더 많고, 장뇌삼에서는 횡취를 많이 발견할 수 있는데, 특히 복토작업을 지속적으로 해 준 장뇌삼에서 횡취가 많다.

주근이 직삼 형태이기 때문에 안전한 자세를 위하여 측근이 많이 발달되고
지근은 사람이 발을 벌리고 서 있는 모양을 하고 있다.

자연 복토(覆土) 현상

어느 산이나 경사가 평지처럼 완만한 곳도 있으나, 대부분 경사면을 이루고 있다. 이 경사면의 토사(土砂)는 경사면을 따라서 흘러 내리는 빗물에 의해 위쪽에서 아래쪽으로 흘러 내리는데, 어떤 행태로든 초목(草木)에게 영향을 준다. 어떤 경우는 초목들을 묻거나, 뿌리째 뽑아 생존을 위협하기도 하지만, 적당량의 토사는 흙 북돋우기 역할을 하여 성장에 도움을 준다.

자연산삼의 경우, 발아하기 전의 씨앗은 흘러 내리는 빗물이 많으면 토사에 유실되기도 하지만, 경사면을 따라 적당히 흘러 내린 토사는 씨앗의 흙 덮기 역할을 하여 겨울에 냉해를 막아주기도 하고, 성장 중인 자연산삼에게 흙 북돋우기 역할을 하기도 하는데, 이것이 자연 복토현상이다. 대체적으로 북돋우는 토사의 두께는 10㎝ 내외가 적당한 것으로 보인다. 이런 과정이 반복적으로 일어나는 지역에서 마디가 많고 긴 노두(蘆頭=뇌두)를 가진 자연산삼이 발견된다.

뇌두의 수가 많을수록 삼령(蔘齡)이 오래되고, 효과가 더 우수하다는 주장은 재고해 볼 필요가 있다.

뇌두가 긴 자연산삼(충남)

휴면산삼(休眠山蔘)

　휴면산삼은 자연산삼의 생존본능의 하나로, 주위환경이 자생하기 어려운 여건이 되면 싹을 틔우지 않고 땅 속에서 뿌리 형태로만 생존하고 있는, 줄기가 없는 자연산삼을 말한다. 이는 다른 자연산삼을 캐는 도중 삼대 없이 뿌리만 있는 자연산삼이 나오는 경우이며, 아직 정확한 원인이 규명되지 않았고, 얼마 동안 휴면을 하는지에 대한 근거도 확인되지 않았다. 신비함으로 포장하기 위하여 수십 년 동안 잠을 자는 것으로 주장하는 이들도 간혹 있으나, 경험한 바로는 약 2~3년 정도 휴면하는 것으로 보인다. 산에서 자연산삼을 캔 이듬해 봄에 일찍 다시 그 산에 가보면 자연산삼을 캤던 그 자리나 주변에서 작년에는 볼 수 없었던 자연산삼을 또 보게 되는데, 이는 잠자던 자연산삼이 나온 것으로 볼 수 있다. 이렇게 매년 발견이 되다가 5년이 경과한 이후로는 발견이 안되는 것으로 보아 휴면기간이 약 2~3년이 아닐까 하는 생각을 하게 된다.

휴면산삼

3 자연산삼 캐기의 실제

자연산삼은 신탁(神託)에 의해 길러지는
전설의 약초가 아니다. 과학적으로 접근하면
누구에게나 쉽게 다가올 축복의 자생식물이다.

3. 자연산삼 캐기의 실제

자연산삼을 찾아 나서기 전에

몇 년 전만 해도 명산을 거론하면서 산삼을 팔아야 값도 잘 받고 잘 팔릴 수 있었다. 소비자들도 명산에서 캔 산삼이 더 효과가 있지 않을까 하는 막연한 기대심리로 그런 말들에 쉽게 현혹되었다. 그러나 이제는 달라져야 한다. 자연산삼은 인위적인 행위가 더해지지 않아도 생존환경이 적합하다면 어느 산에서나 자생하는 자연산 삼이지, 신탁(神託)에 의하여 명산에만 존재하는 전설의 약초가 아니다. 자연산삼은 현재까지의 분석으로 볼 때 산지와

혼효림이 조화를 이룰 때 자생여건이 좋음

바위가 너무 많아 자생여건이 좋지 않음(대둔산)

무관하게 동일한 성분과 효능을 가진 것으로 확인되고 있다. 자연산삼은 실제로 생존 여건상 해발 천여 m의 높은 산에 자생하는 경우가 매우 희박하다.

공동 저자인 자연산삼형태학연구소장이 3년 전 '나도 산삼을 캘 수 있다'라는 저서에서 공개한 바와 같이, 자연산삼은 특별한 힘에 의하여 명산에서만 키워지는 영적(靈的)인 약초가 아니라, 보통 수십 년 동안 인삼 경작의 경력이 있는 지역에서 주로 발견되는 자생식물이다. 인삼의 열매는 여름에 빨갛게 익는데, 꿩이나 산비둘기 같은 조류들이 홍숙(紅熟)된 열매를 따먹고 배설을 하게 될 때, 배설물과 삼씨가 같이 배출되어 자연 전파된다. 자연산삼은 혼효림이 어우러져 일조량이나 습도가 적당한 지역에서 잘 발아하여 생존할 가능성이 매우 높다. 만약 입산한 지역이 활엽수가 많으면 침엽수 아래가 자연산삼이 생존하기 좋은 조건이고, 침엽수가 많으면 활엽수 아래가 자생하기 좋은 환경이다. 또 장마철에 내린 빗물의 물줄기가 어디로 흐르는가를 먼저 파악하여 빗물에 씨앗이 잘 떠내려가지 않는 급경사가 아닌, 계곡 양면이나 완만한 산 정상이나 능선 가까이를 잘 살피면 좋은 결과를 얻을 것이다.

경사가 심하지만 소나무가 물길을 막아주는 역할을 함

산을 찾은 농업기반공사 곽 감독소장(전) 일행

자연산삼의 채취시기

침엽수 아래의 자연산삼은 늦게까지 잎이 떨어지지 않는다

　보통 양력 4월 중순부터 11월 초순까지 자연산삼을 캘 수 있는데, 지역에 따라 다소 차이를 보인다. 이른봄에는 혼효림 중에도 활엽수 아래가 침엽수 아래보다 햇빛을 더 많이 받아 자연산삼의 삼대가 먼저 나오는 반면, 늦가을에는 낙엽이 떨어지지 않는 침엽수가 찬 서리를 막아주는 우산 역할을 하게 되므로 비교적 늦게까지 자연산삼의 잎이 남아 있다. 또한 산의 높이에 따라서도 채취시기가 다소 차이가 나는데, 주위에 높은 산들이 많은 지역에서는 비교적 기온이 낮아 늦게 삼대가 나오고 일찍 잎이 떨어진다. 자연산삼이 자생하기 좋은 방향은 동북간인데, 같은 산이라도 북쪽보다는 동쪽의 면에서 상대적으로 일찍 자연산삼을 발견하기도 하고, 또한 일조량이 상대적으로 많은 산 정상에서 계곡보다는 일찍 자연산삼을 발견하기도 한다.

산행할 때 알아야 할 주의사항

　자연산삼을 찾는 일이란 가지런히 만들어진 등산로를 따라 산행하는 것이 아니라는 점을 알아야 한다. 경우에 따라서는 우거진 가시덤불과 같은 장애물을 넘어야 하고, 벌이나 모기 같은 곤충이나 맹독성이 있는 뱀 등에 물려 생명이 위태로울 수도 있다. 환상에 젖어 사전에 치밀한 준비도 없이 산행을 하는 것은 매우 위험하다. 처음부터 욕심을 앞세워 홀로 자연산삼을 찾아 나서는 것보다는 산을 잘 아는 안내자나 경험이 많은 전문가와 동행하는 것이 바람직하다고 하겠다.

입산하기 전에 산행할 지역과 하산할 지점을 미리 예상하여 지형·지물을 숙지하고, 정상까지 올라갔다가 하산을 할 때에는 완만한 계곡을 따라 옆으로 비스듬히 산을 내려오는 방법을 선택해야 하는데, 능선을 직접 내려오게 되면 낭떠러지를 만날 확률이 높기 때문이다.

여름철 남쪽 방향의 계곡이나 능선에는 벌집이 상대적으로 많으므로 주의하여야 한다. 벌을 만나면 가능한 멀리 피하되, 동행한 사람이 살충제를 뿌리는 등의 도움이 꼭 필요하다. 산행 전에 등산화와 등산복, 모자에 살충제를 뿌리고, 산행 중에는 항상 살충제를 손쉽게 사용할 수 있도록 휴대해야 한다. 해충들은 땀 냄새에 민감하므로 수건으로 자주 땀을 닦아 주어야 한다. 특히 잠시 휴식을 취할 때, 주위에 살충제를 뿌려 냄새를 나게 하면 진드기 등을 쫓는데 도움이 된다.

북쪽 방향에서는 뱀의 활동이 많으니 주의를 요해야 한다. 백반(白礬)을 소지하고 있는 것이 도움이 되기도 하고, 간혹 뱀들이 나무 위에 올라가 있는 경우도 있으므로 두꺼운 가죽장갑을 착용하는 것이 좋으며, 맨손으로 함부로 나무를 잡지 않도록 주의한다.

바위가 많은 지역에서는 살쾡이 등이 서식할 수 있으니 각별히 조심하여야 한다. 가능하면 두 명 이상이 함께 이동하고, 종종 지팡이로 나무나 바위 등을 두드려 소리를 내는 것도 살쾡이 등을 쫓는데 효과적이다. 간혹 한두 명이 깊은 산으로 산행을 할 때는 종이를 감은 굵은 초나 터보라이터같이 불을 쉽게 붙일 수 있는 물건을 휴대하는 것이 좋은데, 맹수는 털이 있어 불을 무서워하기 때문이다. 멧돼지가 방금 지나간 흔적이 있거나 가까운 곳에서 새끼돼지의 울음소리가 들리면 지체 없이

한의사들의 자연산삼 연구

다른 곳으로 이동해야 한다. 모성애가 유달리 강한 멧돼지는 새끼를 보호하려고 무자비하게 공격할 수 있기 때문이다.

자연산삼의 불모지

자연산삼을 잘 찾기 위하여 자생하는 조건을 숙지하는 것 만큼이나 중요한 것은 자연산삼이 자생할 수 없는 지역을 아는 것이다. 자연산삼은 음양(陰陽)이나 조습(燥濕)이 지나치게 편중(偏重)되는 환경에서는 자생할 수 없다. 따라서 음양과 조습의 편중을 분별해야 한다.

나무 밑동이 검게 그을리고 목본식물보다 초본식물이 무성한 산은 최근에 산불이 났던 지역으로, 이런 지역에서는 자연산삼이 거의 없다. 이는 화재로 인하여 소멸되었거나, 그늘이 거의 없어 일조량이 과다해지므로 너무 건조해진 까닭에 휴면에 들어갔을 가능성도 있다. 수목이 원상회복되고 수년에서 수십 년의 시간이 흘러야 자연산삼이 자생할 수 있는 조건이 갖추어 질 것이다. 또한 간벌지역에서도 급격한 환경 변화로 인하여 자연산삼을 발견하기 쉽지 않다.

습기가 약간 머금은 정도가 아닌, 토질이 심하게 축축하거나 물이 솟아오르는 지역, 그리고 배수가 잘되지 않는 곳에서도 자연산삼을 볼 수 없다. 토질에 수분함량이 많아지면 자연산삼의 뿌리는 곧바로 썩기 때문이다.

경사도가 아주 심하여 토사의 유출이 심한 곳도 자연산삼이 자생하기에 적당하지 않다. 자연산삼의 씨앗이나 어린 삼이 채 자리도 잡기 전에 토사와 함께 유실되기 쉽기 때문이다.

독메와 원앙메

산행을 할 때 단독으로 혹은 초보자 몇 명만 가기보다는 전문가가 동반된 7~8명 이내의 사람들과 무리지어 가는 것이 좋다고 사료된다. 초보자들만으로 산행을 하면 자연산삼은 물론 산에 대한 정확한 공부가 이루어지기 어려울 뿐 아니라 안전사고에 대한 우려도 있고, 많은 인원이 가면 산에서 통제가 어려워 자세히 배울 수 없기 때문이다.

입산하기 전에 숙지해야 할 안전수칙과 기본적인 요령 등을 전문가에게 교육받고, 실제 산행을 하면서 그때마다 필요한 사항을 전문가가 즉시 지적해 주므로써 시행착오를 훨씬 줄일 수 있다. 자연산삼을 찾는 것은 자생환경에 대한 과학적인 근거를 기초로 한 것이므로 인내심을 가지고 수개월 정도 전문가와 산행을 한다면 산을 보는 요령과 자연산삼을 찾는 방법을 올바르게 배울 수 있을 것이다.

심마니들의 용어로는 같이 산행을 하더라도 각자 캔 자연산삼을 캔 개인이 소유하는 것을 독메라고 하고, 같이 산행한 사람들과 공동으로 분배하는 것을 원앙메라고 하는데, 독메로 산행을 하면 과욕을 부리기 쉬워 서로 멀리 떨어지게 되거나 혼자 위험한 곳으로 가는 경우도 생기므로 혹시 사고가 발생하더라도 신속히 도울 수가 없다. 초보자들은 우연의 일치가 아니면 자연산삼을 보기 어렵고, 하산할 때에는 일행과 만나기도 어려우므로 공동분배인 원앙메로 산행을 하는 것이 좋다.

김동희 교수와 형태학 연구위원들

자연산삼을 찾으려면 산의 방향 선택이 중요하다

어느 산이든 사방(四方)의 특색을 지니고 있다. 가령 아침의 연한 햇살이 비치는 곳이면 동쪽이고, 한낮에 뜨거운 햇빛이 들며, 나무의 잔가지가 많이 뻗은 방향, 베어진 나무의 그루터기에서 나이테가 성긴 쪽이 남쪽이며, 해가 질 무렵 강렬한 태양이 비추는 곳은 서쪽이라 생각하면 될 것이다. 또한 북쪽은 대체적으로 일조량이 부족하여 여름에도 시원한 느낌이 들고, 지표면의 습기도 다른 방향보다 늦게 마르며, 바위의 북쪽 면으로는 이끼가 모여 자라기도 한다.

자연산삼은 강한 햇빛을 싫어하는 반양반음(半陽半陰)의 다년생 초본(草本)이므로, 일조량을 고려해 볼 때 자연산삼이 자생하기 좋은 방향은 동쪽이나 동북 방향이다. 남쪽이나 서쪽 방향에서 자생하기 위해서는 어느 지형이나 지물이 강한 햇빛을 막아주어야 한다. 특히 소나무나 전나무 등의 침엽수가 많이 분포해 있으면 강한 햇빛을 막아주어 자생할 수 있는 조건이 되기도 한다. 동향은 침엽수와 활엽수가 1:1 비율로 혼합되어 있으면 아주 좋고, 북향은 일조량이 다소 부족할 수 있으므로 활엽수 2에 침엽수 1의 비율로 혼효림을 이룬다면 매우 좋은 조건이다. 결론적으로 자연산삼이 자생하기 가장 좋은 방향은 동쪽과 북쪽 사이로 강한 햇빛을 많이 받지 않아야 하고, 수목(樹木)은 활엽수가 조금 많아도 혼효림이라면 자생조건에 훌륭한 배합이라 하겠다.

대전보문고 임 선생님의 연구

서쪽에서 동쪽을 보고 촬영한 것이다.

A면과 B면은 혼효림이 어우러진 북향이므로 자연산삼이 자생할 가능성이 있다.

산은 남향을 하고 있는데,
이런 경우는 동향의 면을 찾는 것이 현명하다.
산 중간 A지점 봉우리부터 B,C지역까지 가능성이 있는 지역임.

강원도 평창의 눈이 내린 산이다.
겨울철 예비 답사를 하면 혼효림 관계를 정확히 알 수 있다.
혼효림 관계가 좋지 않고 우기철 빗물도 많은 관계로 좋은 지역이 아니다.
단, 혼효림 즉 소나무 밑을 볼 필요가 있다.

흐르는 물과 약 200m의 거리에 있는 산이다.
산은 남향을 보고 있으나 침엽수가 많고
앞이 막히지 않아 바람이 좋고 산 중간 중간 급경사가 아닌
봉우리를 찾아보면 좋다.

바위가 너무 많아 좋은 지역은 아니지만,
능선 넘어서 찾는 것이 좋다.

남쪽 방향의 산이 높아 한낮의 강한 햇볕을 막아주며,
서쪽 방향도 높아 오후의 강한 햇볕도 막아주는 아주 좋은 산이다.
단 6부능선 이상은 급경사가 심하여 3부 능선에서 6부능선을 주로 살피면 아주 좋다.
토질이 돌이 많아 배수가 잘되는 곳으로 뿌리가 길게 뻗는 것이 특징이며,
배수가 잘되어 삼의 색도 희다.

서쪽 능선이 강한 햇빛을 차단해 주는 역활을 하여 아주 좋은 산이다.
나무도 대체적으로 좋아서 산 전체를 살펴야 한다.

자연산삼은 음양의 조화를 안다

자연산삼의 잎은 강한 햇빛에 약하여 양지(陽地)에서는 고사(枯死)하기 쉬운 반면 일조량이 너무 부족해지면 성장이 더디며, 지하부인 뿌리는 수분을 많이 함유하고 있기 때문에 토질이 너무 건조하면 쉽게 말라 죽고, 너무 음습(陰濕)하면 쉽게 썩게 된다.

일조량 부족으로 자연산삼이 자생할 확률이 없다

자연산삼이 생존하기 위해서는 이와 같은 까다로운 조건이 충족되는 환경이 중요한데, 특히 혼효림이 알맞게 어우러진 수목의 조건이 무엇보다 중요하다고 생각된다. 가령 침엽수인 소나무, 전나무, 리기다소나무 같은 수종(樹種)만 있는 산이라면 가을에 낙엽이 떨어지지 않아 일조량이 부족해지므로 자연산삼이 자생하기 어렵고, 활엽수만 있다면 가을에 낙엽이 진 후 일조량이 너무 과다해져 토질이 너무 건조해지게 되므로 자연산삼이 말라 죽게 된다.

부드러운 모래 토질에
언덕쪽으로 길게 뿌리를 뻗은 2구

양토에서 여러 방향으로 지근이
길게 발달됨

언덕 밑 완만한 모래토질에 양방향으로 지근이 잘 발달됨

입자가 굵은 모래에 잔뿌리를 많이 내린 흔적이 보임

혼효림은 우기(雨期)에 우산 역할을 하기도 하고, 강한 바람이 불면 방풍림 역할도 하며, 강한 햇빛을 막아 그 지역의 온도와 습도를 적정하게 해 주는 아주 중요한 역할을 한다. 이상적인 나무의 간격은 나무의 수령에 따라 다르지만, 둘레가 40~50cm 이하인 나무는

부드러운 모래토질에서 수목들의 뿌리에 의지함

2~3m의 간격이 필요하고, 둘레가 60cm이상인 나무의 경우는 3~5m의 간격으로 산란광이 비추면 아주 좋다. 특히 침엽수인 소나무는 지표면으로부터 약 2m 이상의 높이에 최하단의 가지가 있는 것이 좋은 조건으로 보인다.

서쪽이 낮은 산이라 별로 좋은 산은 아니지만,
경사도가 완만한 침엽수 밑을 찾아볼 필요가 있다.

북쪽이 높은 산이라 아주 좋은 산은 아니지만,
A,B,C 일대 동향을 살펴야 한다.

혼효림도 잘 어우러져 있고 경사면도 좋은 관계로
멀리 보이는 산보다는 가까이 보이는 산은 산삼이 자생하기 좋은 지역이며,
A면과 B면도 가능한 지역이다.

바위가 많고 북쪽과 동쪽에 놓은 산이 있어 좋은 산은 아니다.
A지역을 찾아 볼 필요가 있다.

서쪽에서 비치는 오후의 강한 햇빛 때문에 계곡쪽을 찾되 북향을 살필 필요가 있다.
주변에 큰 물이 흐르고 있어 자생할 수 있는 곳이며,
6구 짜리도 채취한 지역임.

A지역은 혼효림이 잘 어우러진 곳으로
자생할 수 있으나 기타 활엽수가 많은 지역은 다소 어렵다.
B지역은 북쪽이 막혀 있어서 아주 좋은 위치는 아니나
침엽수가 많아 가능한 곳이다.

대체적으로 오래된 나무들이 있어 나무의 간격은 괜찮은 편이다.
동쪽이나 북쪽에서 바람이 잘 들어오는 지역이다.
종종 5구짜리가 발견되는 지역이다.

바위가 많아 아주 좋은 지역은 아니나 침엽수 밑을 찾아볼 필요가 있다.
A지점의 능선 넘어가 좋은 지역이며,
B지점 침엽수 밑에도 살필 필요가 있다.

활엽수 밑은 아예 볼 필요가 없다.
침엽수 밑을 살펴보고 이 산을 넘어가서 찾아야 한다.
주변에 인삼 농사를 오래전부터 지금까지 하고 있다.

동쪽이 막히지 않았지만 북쪽이 막혀 있다.
일조량은 서쪽의 산이 높게 막고 있어 활엽수 주변도 살펴볼 필요가 있다.

남쪽의 산이 막고 있어 대체적으로 일조량도 좋고
나무의 사이(간격)도 좋으며 경사도 관계도 좋아 보이는 산 전체를 살펴보면
아주 좋은 지역이다.

주변에 사철 흐르는 물이 있어 아주 좋은 곳이다.
침엽수 밑을 살펴야 한다.

자연산삼도 물과 바람과의 관계를 안다

　　자연산삼은 약간의 습도를 머금은 시원한 곳을 좋아한다. 그러기 위해서 주변에 맑은 물이 흐르는 시내가 있으면 아주 좋다고 하겠다. 또 주변의 산들이 꽉 막혀 바람이 통하지 않는 곳이면 음습(陰濕)할 수 있으므로 자연산삼이 자생하기 어렵다고 사료된다. 시원한 바람이 잘 통하려면 어느 정도 주변의 산들이 꽉 막히지 않아야 한다. 즉, 계곡이 넓고 깊으면 바람이 잘 통하는 것이다. 물은 모든 생물(生物)의 근원이므로, 물이 흐르는 곳은 메마르지 않고 습도가 유지되어 생물이 살아가는데 최적의 환경을 이룬다. 사람이 생활하는 집도 앞쪽에 물이 흐르면서 뒤로는 산이 있는 터가 가장 좋은 곳이라 하는 것도 이와 같은 맥락이다. 가령 물이 직선으로 흐르다가 굽이돌 때 그 굽어 돌아 흐르는 맞은편으로 물기를 머금은 시원한 바람이 부는데, 그 시원한 바람이 불어 들어오는 산자락에 자연산삼이 자생하는 경우가 많다. 또 흐르는 개울의 폭에 따라 자연산삼이 자생하는 높낮이의 차이도 있다. 가령 개울의 폭이 50m 정도라면 5부 능선이상의 지역에 자생할 확률이 높다. 결론적으로 청정(清淨)한 개울이 사철 흐르면서 그 물기를 머금은 시원한 바람이 불어오는 지역이 자연산삼의 자생 여건에 좋은 곳이라 하겠다.

◀바위가 많은 산으로 경사도 또한 심하여 경치는 좋겠지만, 비온 후 물의 흐름이 급하여 자생하기가 어려운 곳이다.

동
북 남
서

영주시 소수서원

소나무가 많이 보이나 입산하여 보면 활엽수도 많이 있다.
주변에 물이 사철 흐르고 인삼 농사의 역사가 오래 된 곳으로,
4~5구가 종종 발견되는 곳이며
정면으로 보이는 산 너머까지 살펴야 한다.

북쪽이 막힌 것이 흠이 될 수 있지만,
계곡물이 좁게 흘러 습도 유지에 많은 도움을 주는 곳이므로
혼효림 사이를 찾을 필요가 있다.

물이 항상 잘 흐르고 있어 여름에도 아주 시원한 느낌을 주며
이곳은 이 산 외에도 주변 산에서 산삼을 가끔 보는 지역이다.
오래된 침엽수가 많아 방향의 영향을 많이 받지 않는 곳이기도 하다.

물이 너무 많아도 좋지 않다.
물이 너무 많으면 물안개 등으로 너무 습하여 오히려 해로울 수 있다.
또한 일차 담수를 한 후 흘려 보내는 지역은 습이 너무 많아
좋은 조건으로 볼 수 없다.
(안동의 석빙고)

자연산삼의 이송 및 보관방법

산행을 할 때에는 일반적으로 배낭을 메지 않는 것이 원칙이다. 배낭 때문에 나무 사이를 다닐 때 아주 불편하기도 하고, 간혹 농지 옆을 지나 하산하게 되면 낯선 사람들에 대한 주민들의 지나친 경계심으로 농작물을 넣고 내려오는 것이 아닌가 하는 의심을 사기도 하기 때문이다.

일반적으로 가장 좋은 이송방법은 자연산삼이 자생하는 주위의 흙과 같이 이송하는 것이다. 모든 생물은 환경에 적응하여야 생존할 수 있다. 자연산삼도 자신이 자생하는 동안 적응된 흙과 함께 이송되어야 오래 보관해도 생명력을 유지한다는 것을 경험한 바이다. 자연산삼을 캐면 비닐 주머니를 이용하여 주위의 흙으로 뿌리를 덮어 하산한 후, 차에 미리 준비해 둔 아이스박스에 넣어 이송하는 것이 가장 좋은 방법이다. 종종 고목의 껍질을 벗기고 그 위에 이끼를 깔아서 이송하기도 하는데, 어떤 종류의 이끼는 말라 죽게 되면 독소를 내뿜을 수도 있으므로 식물학적 지식이 없는 초보자에게는 권할 만한 방법이 아니다.

집에서 보관할 때는 뿌리를 산에서 같이 가져온 흙과 함께 한지로 포장한 후 섭씨 3~5도에서 냉장하면서 5일 간격으로 뿌리부분만 물을 살짝 뿌려 주면 장기간 보관해도 자연산삼의 생명력을 유지할 수 있다.

4 자연산삼의 진실

자연산삼은 자연산 삼이어야 한다.
사람에 의해 길러질 때, 더 이상 자연산삼이 아니다.
자연산삼은 자연의 손길에서 그 빛을 발한다.

4. 자연산삼의 진실

삼의 종류

1.자연산삼 : 인위적으로 재배되지 않은 자연 그대로의 삼,
　　　　　　혹은 천연산삼 또는 야생산삼이라 함
2.산양삼(山養蔘) : 산에서 최종적으로 재배된 삼
　　　　• 산에다 직접 파종하여 재배한 삼
　　　　• 삼포에서 기른 유삼(幼蔘)을 옮겨 심어 재배한 삼
　　　　• 밭 장뇌삼를 이식한 삼
　　　　• 노두(蘆頭=뇌두)를 길게 증가시켜 키운 장뇌삼 등
3.인삼 : 논·밭에서 재배한 삼을 칭함

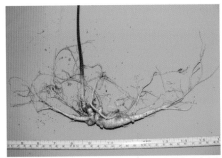
양방향 자연산삼

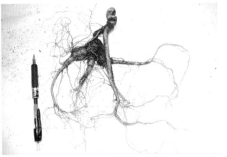
불안하게 서 있는 듯한 장뇌삼

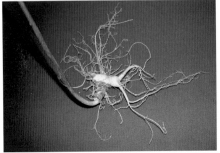
지근이 잘 발달된 자연산삼

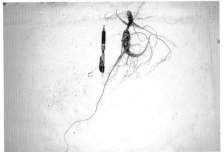
부드러운 토질에 재배한 장뇌삼

양방향으로 발달된 자연산삼

장뇌삼

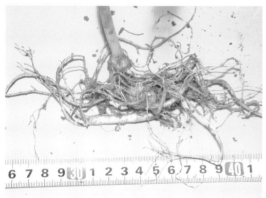

지근과 측근이 잘 발달한 자연산삼

장뇌삼

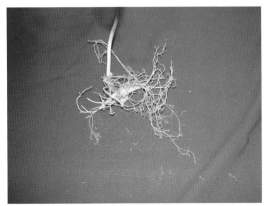

양방향 곡삼

흔히 볼 수 있는 장뇌삼

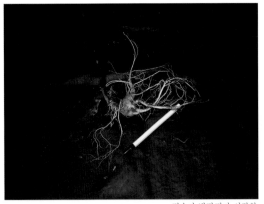

턱수가 발달되기 시작함

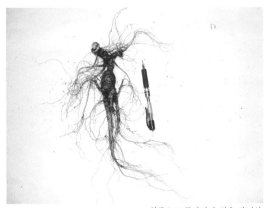

천종으로 둔갑되기 쉬운 장뇌삼

자연산삼(自然山蔘)이란

　자연산삼은 반음반양(半陰半陽)과 반건반습(半乾半濕)의 까다로운 조건에서 자생하는 다년생 초본식물로, 침엽수와 활엽수의 혼효림에서 인위적인 도움 없이 자생한 자연산 삼을 말한다.

경북 소백산 자락에서 6지 7엽과 함께 땀에 젖은 모습

산양삼(山養蔘)이란

　최종적으로 산에서 재배가 이루어진 삼을 말한다. 재배 방법은 개갑처리를 한 후 직접 좋은 입지에 60~100cm 간격으로 약 5cm의 구멍을 만들고 파종하는 경우로, 발아가 빠르고 성공률이 좋다. 다음은 개갑처리를 하지 않고 직접 적합한 곳에 구멍을 만들고 파종하는 방법으로 발아가 늦고 성공률이 떨어진다. 또한 어린 삼을 길러 이식하는 것인데, 해가림의

높이가 약 120cm정도인 인삼의 묘포와 달리 해가림의 높이를 약 180cm 정도로 높인 묘포에서 어린 삼을 길러내어 최종적으로 산에 이식하여 재배하는 방법 등도 있다.

180cm 높이의 장뇌삼장

장뇌삼은 주로 활엽수 아래에서 재배함

산양삼은 혼효림을 이용하여 파종 및 이식하는 경우도 있으나, 이 경우 삼의 성장이 다소 늦기 때문에 대개 활엽수림에서 길러내는 경우가 많이 있다. 산양삼은 자연산삼보다 정유성분이 적은 반면 섬유질이 많으며, 노두(蘆頭=뇌두)가 긴 것이 특징이다.

장뇌삼은 늦가을에 5~10cm 정도로 복토작업을 하면 뇌두가 증가하는데 관리가 다소 어려워도 유통업자나 소비자가 선호하기 때문에 뇌두를 길게 증가시키는 방법을 쓰기도 한다.

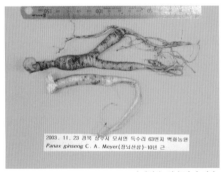
장뇌삼은 섬유질이 많음

장뇌삼을 절단한 모습(단면관찰)

산양삼의 발달

우리나라 문헌에 인삼 즉, 자연산삼의 기록이 처음 등장한 것은 김부식이 편찬한 『삼국사기(三國史記 A.D. 1145 간행)』로, 신라본기 성덕왕(聖德王, 재위기간 702~737) 22년 기사에 처음으로 나타나고 있다. 그해 4월 신라가 당나라 황제에게 사신을 보내는데, 말 1필, 금, 은, 동, 해표, 가죽, 우황과 함께 인삼을 조공했다는 기록이 있다.

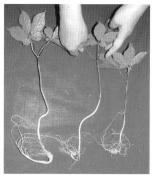
우리 자연산삼형태 곡삼

이후 역대의 수많은 강대국들에게 조공을 받쳐야 했고 심지어 강대국들의 관료들에게까지 진상을 해야 했으니, 우리나라 조정에서는 백성들에게 강제로 공출물(貢出物)을 징발하지 않을 수 없었고, 이 때문에 백성들 가운데는 고

장뇌삼의 모습

향을 등지는 경우도 있었다는 기록을 보면 백성들의 피해를 짐작할 수 있다. 또 백성들은 인삼 즉 자연산 삼으로 할당받은 공출삼(貢出蔘)을 채울 수 없게 되자 자구책으로 산양삼을 재배하기 시작하였고, 산양삼을 인삼

박종대 박사가 호주의 산양삼을 조사하고 있슴

거치가 다른 호주산양삼

즉 자연산 삼에 혼입시키다 검수관에게 발각되기도 하였다는 기록들도 볼 수 있다. 지금은 산양삼 재배 기술이 많이 발달하여 국내 뿐 아니라 외국 에서조차 여러 곳에서 대량 재배가 이루어지고 있다.

인삼이나 장뇌삼은 개갑(開匣)처리를 한다

삼의 열매는 잘 익으면 빨간 앵두 같은 느 낌을 주고, 빨간 장육(漿肉)을 벗겨내면, 그림 에서 보듯 콩팥 모양의 암갈색 씨앗이 있다. 그리고 그 씨앗 속에 씨눈(胚)이 있다.

개갑처리 과정

삼의 씨앗을 땅에 그냥 심으면 발아가 늦 기 때문에 빠른 발아를 위하여 인삼이나 장뇌 삼의 경우, 약 100일 동안 개갑처리로 딱딱 한 삼씨의 입을 열게 한 후, 산에 직접 파종 을 하거나 묘표를 설치하여 묘삼을 길러내 이 식하기도 한다. 보통 삼의 씨앗이 자연적으로 지표면에 떨어져 발아하기까지 약 1년 정도 소요되는데, 발아기간을 절반으로 단축하면

개갑처리된 씨앗

서 발아율도 높이는 방법이 개갑처리이다. 직파의 낮은 발아 성공률을 보 완한 재배방법이다.

산양삼의 가지와 잎의 발달

자연산삼의 가지와 잎은 일조량과 주위환경에 따라 발아 첫해에 1엽, 또는 2엽이기도 하나, 보통은 3엽으로 태어나는 것으로 보인다. 그러나 자연산삼을 수년에서 수십 년 동안 옆에서 관찰하는 데는 여러 가지 어려운 점이 많아 발달과정을 정확하게 기록할 수가 없었다. 따라서 경북 상주시 소재의 백화산 장뇌농장의 도움을 받아 산양삼의 발달과정을 조사하게 되었다.

산양삼(山養蔘, 장뇌삼)은 개갑처리를 하여 파종을 하면, 일조량에 따라 2엽도 태어나지만 이번 조사기간에는 3엽으로 태어난 것들이 주류를 이루어 3엽을 조사 관찰하였다.

"8월부터 약 100일간 개갑처리를 한 후 11월 중에 파종을 하였더니, 다음해 봄에 90%이상 3엽을 가진 어린 삼들이 태어났다. 2년째 봄에 2구의 삼으로 되었는데, 2구중 1구는 5엽이고 나머지 1구는 3엽임을 확인하였다. 3년째에는 거의 2구 전체가 5엽의 삼이 되었고, 4년째에는 대부분 3구들이 되었는데, 3구중 2구는 5엽이고 나머지 1구는 3엽이었다. 5년째에는 전체가 5엽을 가진 3구들을 관찰하였고, 개체에 따라 다소 차이는 있었지만, 4구로 발전하는데 6년에서 8년이 소요되었으며, 8년에서 11년의 기간이 지나야 5구가 형성되는 것으로 조사 관찰되었다. 12년째부터 6구가 형성되기 시작하고, 6구가 25년 정도 지나면 간혹 턱잎이 추가로 생기는 것을 확인하였으며, 약 30여 년까지 생존하는 것으로 조사되었다."

위의 조사기록을 보더라도 자연산삼은 개갑처리 등의 인위적인 행위 없이 자연에 순응하면서 살기 때문에 다소 산양삼보다는 더 오래 생존할 것이라고 추측은 되지만, 초본식물로써의 한계가 있다는 것을 고려해 볼 때 삼령(蔘齡)이 백여 년 내지 수백 년이라고 생각하는 것은 어불성설(語不成說)이라고 밖에 볼 수 없다. 몇몇 사람들이 자연산삼의 가격을 부풀리기 위해서 삼령을 높이려 하는 경우도 간혹 있는데, 자연산삼 주변에 있는 수목의 수령(樹齡)과 그 지역의 조림사업 시기 등에 대한 여러 가지 조사 및 정황으로 볼 때, 초본식물인 자연산삼의 삼령은 대략 4~50년쯤으로 보는 것이 더 타당성이 있다고 생각된다. 또한 삼령이 많다고 효능이 더 월등

하다는 근거가 없고, 장뇌삼의 경우, 12년이 넘으면 목질화(木質化)가 시작된다는 조사관찰을 검토해 본다면 삼령에 대한 연구가 필요하다.

국가에서 인정하는 산삼 감정사는 없다

현재 자연산삼에 대한 기록들이 부족하여 산삼 감정에 큰 혼란이 일어나고 있다. 1990년대는 삼의 종류도 아닌 운향과(芸香科)의 백선(白鮮, 한약명 백선피(白鮮皮))이라는 식물을 봉황삼(鳳凰蔘)으로 둔갑시켰는데, 일부에서 수십 만 원씩 받고 허위 감정서를 첨부하는 바람에 엄청난 피해자가 생긴 일이 있었다. 근래 들어 중국 장뇌삼을 보따리 상인들이 몰래 들여와 우리나라 산에 심었다가 국산 산삼으로 속여 파는 사례가 있다고 하며, 또 일부에서는 장뇌삼을 주위의 일정면적에 해당하는 흙과 함께 통째로 이식하는 방법으로 슈퍼산삼을 증식시켜 파는 경우도 있다고 한다. 이와 같이 상혼(商魂)에 찌들어 가짜 산삼을 만드는 그릇된 일들은 마땅히 근절되어야 한다.

현재 국가에서 인정하는 자연산삼 감정사가 없어서 혼란이 가중되고 있는 것으로 보인다. 자연산삼을 정확히 구분하기 위해서는 전초(全草) 즉 지상부와 지하부가 모두 있어야 비교적 정확한 감정이 가능하다. 참고로 중국이나 외국의 장뇌삼들은 뿌리만 들여와 우리나라 산에 심은 후 다음해 새싹을 틔워 판매를 하는 것으로 알려져 있다. 또한 이식과정에서 눕히듯 옆으로 심어 자연산삼과 비슷하게 형태를 변형시켜 재배하기도 한다.

대량 재배중인 호주산양삼

자연산삼을 구입할 때 주의할 점

십여 년 전만 해도 심마니가 지금처럼 많지 않았다. 자연산삼을 캔다고 한여름에도 긴 옷을 입고 땀 흘리며 산을 돌아다니는 것을 보고 주위 사람들이 수석이나 난초를 캐야 돈을 벌수 있다는 충고를 많이 하였다. 당시에는 수석이나 난초가 일본 사람들이 선호하여 값도 비싸고 인기도 많았다. 그러다가 난초가 역수입되어 인기가 시들해지기 시작하자 난초업계에 있던 많은 분들이 자연산삼을 캐는 것으로 취미를 바꾸거나 이직을 하는 경우가 많아졌다. 또한 에너지파동과 사회 전반적인 불황, 특히 IMF 이후 많은 사람들이 심마니로, 혹은 자연산삼이나 산양삼의 유통업자로 전업하였는데, 직접 산에서 자연산삼의 자생 및 형태를 연구하고 채취를 경험한 후 자연산삼의 유통업을 하면 유통과정에 간혹 산양삼이 혼입되어도 구별할 수 있기 때문에 큰 문제가 없지만, 자연산삼의 형태도 모르는 사람들이 자연산삼의 유통 및 중계를 하여 산양삼이 자연산삼으로 잘못 혼용되므로써 본의 아니게 소비자가 최종 피해를 보는 경우도 생기게 되었다. 그리고 자신이 캔 것은 자연산삼이고, 다른 사람이 캔 것은 저질산삼이라는 그릇된 주장마저 하는 사람도 간혹 나오게 되었다.

소비자들이 다음과 같은 주의요령을 알면 피해를 당하지 않을 수 있다.

▸ 산에서 찍은 사진으로도 많을 것을 알 수 있다. 산에서 땀 흘리며 자연산삼을 찾아서 찍은 사진인가? 또는 혼효림에서 캔 자연산삼의 사진인가?

▸ 아무리 나이를 올려도 주변나무를 보면 삼령을 짐작할 수 있는데, 어느 지방이든 산림조합 같은 곳에 문의해 보면 조림시기를 자세하게 알 수 있다.

▸ 구입할 때 꼭 지하부와 지상부가 같이 붙어 있는 사진을 첨부해 받아야 한다. 지상부 즉 삼대, 가지, 잎 등이 없다면, 여러 방향으로 뿌리가

뻗은 곡삼 이외에는 자연산삼인지 진위여부를 판단하기 어려운 경우가 있다.

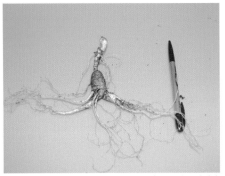

혼효림 아래에서 캔 자연산삼   지하부로만 유통되는 장뇌삼

봉황삼(鳳凰蔘)

봉황삼은 중국 동북지방에서 나는 재배인삼을 상품화하면서 타 지역보다 효능이 우수하다고 선전하려는 의도에서 쓴, 중국 동북지방 재배인삼의 상품명이다. 국내에서 간혹 봉황삼이라고 주장하는 경우가 있는데, 확인해 보면 대부분 운향과(蕓香科)에 속하는 백선(白鮮)의 뿌리를 봉황삼으로 착각하는 경우가 많았다. 백선의 지상부는 자연산삼의 삼대와는 판이하게 구별되나, 지하부는 마치 미(尾)가 아주 잘 발달한 삼 모양을 하고 있다. 백선 뿌리의 껍질은 한의학에서 백선피(白鮮皮)라 하여 피부질환에 쓰고 있으며, 민간에서는 봉삼(鳳蔘)이라는 별칭으로 근골격계 질환에 다용하고 있다.

1996년에 봉황삼 사기사건으로 세간이 떠들썩했을 때, 공동 저자 중에 한 명인 자연산삼형태학연구소장이 지상파 방송인 MBC의 "PD수첩"이란 프로그램에 출연하여 봉황삼의 허구를 공개하여 사건해결의 실마리를 제공했던 바가 있었다. 그 후 조용한 듯하였으나 다시 또 문제가 불거지고 있는 징조가 있다 하니, 참고하여 피해를 당하는 경우가 없도록 주의해야 할 것으로 생각된다.

지하부

지상부

심마니의 문화가 형성되어야 한다

옛날 심마니들은 주로 두메산골에서 거주하여 호구지책(糊口之策)으로 자연산삼을 채취하여 생활하였지만, 언젠가부터 일부 상인이 신비함으로 포장을 하여 값을 올려놓는 바람에 자연산삼을 캐면 큰 돈을 버는 것으로 잘못 알려지게 되었다. 그로 인하여 많은 사람들이 산삼업계에 적(籍)을 두다보니 지금은 아주 혼란한 상황이 되었다. 연구하기 보다는 그저 남의 글을 도용(盜用)하여 내용도 이해 못한 채 억지주장을 하기도 하고, 정당한 이유 없이 격하시키려는 의도로 비방을 하면서 결국은 그 내용들의 순서나 몇 글자 바꾸어 자기의 연구인양 선전하고 상술로 이용하였다. 또 과학적으로 근거가 밝혀지는 것을 두려워하며, 변명이 궁색해지면 어느 산신령들이나 들먹이며 꿈 이야기나 해 왔다.

이제는 실제 자연산삼으로 연구한 논문이 몇 편인가를 냉정하게 뒤돌아보아야 할 것이다. 무엇이 자연산삼이고, 자연산삼은 과연 어디에 왜 좋은가에 대한 객관성 있는 해답을 찾으려고 노력해야 할 것이다. 신비함으로만 포장하는 것도 한계가 있다. 과학적이고 합당한 연구가 이루어지지 않는다면 아무리 자연산삼이 좋다고 주장하여도 외면당할 수밖에 없다.

올곧은 심마니 정신이 모여 올바른 심마니 문화를 창출하여야 한다. 옳지 못한 일을 배척하고, 목전(目前)의 이익에 급급하지 않으며, 진실한 자연산삼의 연구를 존중하고, 서로 발전할 수 있도록 사심 없는 마음으로 돕는 진정한 동반자 정신으로 노력을 할 때, 자연산삼의 가치를 드높이는 심마니의 문화가 이루어질 것이다.

부산 동의산삼 양준호, 연제민 공동 대표가
형태 연구 활동을 하며 기쁨을 서로 나누고 있슴

5 자연산삼의 효능과 복용방법

자연산삼의 효능은 우수하지만, 복용 양과 방법이
올바르지 못하면, 귀중한 자연산삼도 한낱 풀에 지나지 않는다.
자연산삼의 참된 가치는 인체를 널리 이롭게 하는 것이다.

5. 자연산삼의 효능과 복용방법

자연산삼의 효능

자연산삼이 영약인 것만은 틀림없으나 만병통치약은 아니다.

지금까지 자연산삼의 실체와 효능에 대한 검증을 외면한 체, 그 가치가 무색할 정도로 그 쓰임이 올바르지 못한 방향으로 이루어져 왔다. 혹자는 자연산삼의 연령을 부풀리고, 혹자는 자연산삼의 효능을 과장하여 부를 축적하는 수단으로만 여겨왔다.

자연산 길경(桔梗, 도라지)이 재배 길경보다 약효가 뛰어난 것은 사실이나, 자연산 길경이 재배 길경과 전혀 동떨어진 또 다른 약초가 아닌 것과 같이 자연산삼도 역시 마찬가지이다. 다만 인삼이 뭇 한약 중에서 그 효과가 매우 탁월한 점을 감안한다면 자연산삼이 우리 인간에게 시사하는 바를 음미해 볼 필요가 있다고 하겠다. 다만 특정 성분이 재배인삼보다 많다고 단지 그것 때문에 재배인삼보다 더 좋다고 말하는 것은 잘못된 생각이다. 그렇다면 재배인삼의 양을 몇 배로 하여 복용한다면 자연산삼을 먹는 것보다 더 우수한 효과를 거둘 수 있지 않겠는가? 그러나 그것은 결코 아니다. 자연산삼은 재배인삼과 또 다른 효능을 주목해야 한다. 우리는 이것을 밝혀 낼 필요가 있다.

자연산삼의 효능에 대한 고증과 실험은 매우 미미하다. 지금까지 알려진 연구 결과를 한의사의 관점에서 재구성하여 밝히고자 하며, 앞으로 자연산삼의 효능에 대한 객관적인 연구를 시작하는데 밑거름을 삼고자 한다.

	자연산삼			재배인삼		
	뇌두	근경	잔뿌리	뇌두	근경	잔뿌리
Ginsenoside Ro	3.4	1.1	0.68	1.8	0.50	0.62
Ginsenoside Rb1	1.4	1.2	2.9	0.88	0.55	2.0
Ginsenoside Rb2	0.45	0.33	1.7	0.57	0.37	1.8
Ginsenoside Rc	0.47	0.32	1.5	0.47	0.31	1.5
Ginsenoside Rd	0.07	0.04	0.49	0.16	0.08	0.52
Ginsenoside Re	0.47	0.19	0.87	0.57	0.35	1.4
Ginsenoside Rf	0.15	0.08	0.17	0.15	0.11	0.17
Ginsenoside Rg1	0.45	0.52	0.38	0.38	0.45	0.25
Malony1-ginsenoside Rb1	1.3	0.63	1.3	0.69	0.41	1.2
Malony1-ginsenoside Rb2	0.40	0.20	0.83	0.42	0.30	1.1
Malony1-ginsenoside Rc	0.34	0.15	0.64	0.35	0.23	0.84
(%)	8.9	4.8	11.5	6.4	3.7	11.4

근거문헌-Yamaguchi 등 : 야생산삼의 사포닌 분석, Chem. Pharm. Bull. 36(10)4177-4181(1988)

　　자연산삼에 대한 실험적 분석은 많은 제약이 따른다. 먼저 시료 확보의 어려움과 설사 시료를 확보했다고 하여도 자연산삼에 대한 표준을 어디에 두어야 하느냐에 대한 문제에 봉착하게 된다. 위의 도표는 자연산삼과 재배인삼의 성분 비교 분석으로, 1988년에 Yamaguchi 등이 중국중약학지에 발표한 내용이다. 단순히 사포닌 계열의 성분에 대한 구성비율만을 분석한 자료로, 두 종류의 삼(蔘)의 차이를 분명하게 보여 주지 못한 초보적인 수준의 논문이나, 아직도 이보다 더 정밀하게 성분을 분석한 실험 논문은 발표된 바가 없다. 이는 자연산삼에 대한 실험이 실험실 외적인 요인에 의하여 얼마나 어려운가를 보여 주는 예이다.

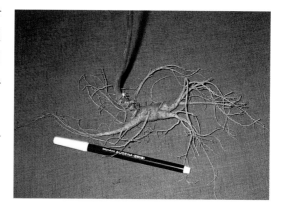

　　자연산삼의 성분분석이나 효능에 대한 연구가 진행되고 있는 시점에서 일단 재배

인삼의 효능을 파악하고, 이를 이정표 삼아 시료가 극소량인 자연산삼에 대한 구체적인 실험이 진행된다면 수많은 시행착오를 줄일 수도 있을 것이다. 따라서 최근까지 발표된 재배인삼의 약리효능을 먼저 정리하여야 할 것이다.

최근에 부각되는 인삼의 약리효능

전 세계의 많은 학자들은 다음과 같은 의문에 연구의 초점을 맞추고 있다. "인삼의 어떤 성분이 그러한 신비스러운 효능을 나타내는가?" 이에 대한 연구가 많은 진전을 이루고 있지만, 여전히 신비의 베일을 벗기기에는 불충분하다. 인삼의 성분에 대한 최초의 연구는 1854년 미국의 Garriques에 의해 이루어졌으며, 그는 무정형의 혼합물을 분리하여 그것을 "panaquilon"이라 칭하고, 인삼의 특유성분이라 주장하였다. 1960년 대에 일본 동경대학의 Shibata 및 Tanaka 교수가 인삼의 유효성분으로서 사포닌의 구조를 확인하였고, 그것을 "ginsenoside"라 명명하였다. 최근의 연구결과에 따르면 사포닌은 고려인삼(홍삼 포함)의 3~4%에 이르고, 약 37여 종의 구조가 밝혀졌으며, 다른 나라 인삼에 비해 약 2배에 이르고 있다. 인삼 중에는 약효성분으로 알려진 사포닌성분 이외에 비사포닌성분도 다양하게 함유되어 있어 사실상 사포닌성분 단독으로 인삼의 약효를 설명하기는 어려운 점이 많은 실정이다. 이러한 성분들이 상호 복합적으로 작용하여 신체기능을 정상화한다고 생각되어진다. 지금까지의 인삼의 생리 및 약리활성 연구는 기초 연구를 통하여 순수 사포닌성분의 항스트레스, 뇌신경세포 보호, 혈관확장, 항혈전, 지질대사 개선, 면역세포 회복 및 암세포 증식억제 등 다양한 약리활성이 밝혀진바 있다. 이러한 사포닌성분 뿐 아니라 비사포닌성분이 항암, 혈압조절, 항당뇨, 항동맥경화, 항피로효과, 여성갱년기 장애 및 성기능 장애 개선, 면역기능 활성화 등

만성 성인병 질환을 예방할 수 있는 다양한 약리작용을 가지고 있는 점을 고려해 볼 때 인삼의 다양한 활용을 기대할 수 있겠다. 지금까지의 대표적인 인삼의 임상학적인 연구결과를 종합해 보면 성인의 만성 질환에 대해서 치료제보다는 질병예방과 회복촉진에 보다 큰 효과가 있음을 확인할 수 있었다.

고려인삼의 대표적인 서양의학적 임상사례

1) 항암 효과
- 인삼 복용자와 비복용자간의 암 발생 위험도에 대한 역학조사
  - 인삼 주산지 주민 4634명 대상 : 5년간 추적조사
  - 암 발생 위험도 : 1.0
  - 복용자군 : 0.5 이하로 감소
- 인삼 복용횟수가 증가할수록 감소효과 현저(위암, 폐암 등)
  - 흡연자 인삼복용: 끽연에 의한 산화적 손상 방어효과
    ☞ 암 발생 위험도 감소효과 기대
    (Yun et al., Cancer Letters, p.132, 1998)
- 위암, 폐암 등 수술환자의 항암제 투여시 나타나는 부작용 및 독성 감소
  - 항암제의 단독투여 : 면역기능의 저하, 신장 및 간장의 독성유발
  - 인삼과 병용투여 : 면역기능의 강화, 신장 및 간독성의 경감효과
    ☞ 인삼이 암 치료 보조제로서의 유용성 확인
    (Noh et al., The New medical J., p.35, p.40, 1992)

2) 간장애에 대한 효과
- B형 급성간염의 조기 회복촉진 (Yammamoto et al., 藥用人蔘, 2000)
- 만성간염 환자의 생화학적 간 기능 지표의 개선
- 건강인 대상 인삼의 알콜 해독효과 (숙취에 효용성)
  - 40분후 혈중 알콜농도(0.18 %) → (0.11 %)
    (Koo et al., Korea Ginseng Sci., p.7, 1983)

3) 뇌혈관 장애에 대한 효과
- 뇌졸중 환자 : 뇌경색 환자 12명, 뇌출혈 6명 (연령 42~75세)
  - 고려인삼을 1일 6g씩 1개월 투여하여 자각증상의 변화를 조사함
  - 뇌경색 환자의 58%, 뇌출혈 환자의 67%가 팔다리의 저림 및 냉감의 개선을 발현
  - 총 16명의 환자 중 5명이 팔다리의 온도가 정상인과 유사하게 상승하여 뇌혈관 장애의 후유증을 개선함
    ☞ 일본 국립 순환기 센터에서 임상시험 결과임
    (Yamaguchi et al., The Ginseng Review, p.31, 1988)

4) 순환기 질환에 대한 효과 : 고령자의 심장기능, 고혈압, 저혈압, 류마티즘의 말초순환 장애
(1) 고령자 심장기능
- 고령자 12명(평균연령 75± 9세)에게 인삼을 하루 1.5g씩 3개월 투여함
  - 혈압 및 심박수에는 영향을 미치지 않았음
  - 심박출량의 증가, 심계수(체표면적에 대한 심박출량의 비)의 증가, 말초저항의 감소, 심동작효율의 증대로 고령자의 심장기능의 부활 효과가 확인됨
    (Takahashi et al., 藥用人蔘, p.239, 1989)
(2) 고혈압 및 저혈압
- 고혈압,74명; 정상압,207명 ; 저혈압,35명(총316명:인삼투여)
                    → 3~6g/day , 평균 10개월
  * 원질환은 당뇨병, 고혈압, 고지혈증 등
  ▶고혈압 : 51%(저하), 43%(불변), 5%(상승)
  ▶정상압 : 2% (저하), 95%(불변), 3%(상승)
  ▶저혈압 : 6%(저하), 63%(불변), 31%(상승)
    ☞ 일본 multicentric(13개 병원) studies 임상시험 결과

☞ 고혈압은 혈압을 낮추고 저혈압은 상승하는 효과를 보임
(Yammamoto et al., The Ginseng review 9 :15~20, 1992)

- 고혈압 환자 : 중일 우호 병원의 66명 (6주간 매일 인삼 3g씩 투여)
  ‣대상자중 60% 환자의 혈압강하의 개선효과 확인
  ‣지질대사 개선을 통한 동맥경화증 경감
  (Jin et al., The Ginseng Review, 1998)
- 건강한 노인의 혈액학적 증상에 대한 고려인삼의 효과
  ‣건강한 노인(75명의 50~70세) : 고려인삼 (3g/day, 4주 투여)
  ‣심박동 , 박출량, 좌심실 박출기간 및 혈압이 개선됨
  ☞ 혈액순환의 개선을 통한 삶의 질이 향상됨
  (Jin et al., Proceedings of 8th Int'l Ginseng symposium, p.27, 2002)

(3) 류마티즘 말초순환 장애

• 류마티스(관절 및 근육의 대사성 염증질환으로 그 부위에 통증 및 운동제한을 수반함)성 말초순환 장애를 가진 환자 5명에게 인삼을 하루 6g씩 약 2년간 투여
  - 손가락의 온도상승, 냉한 느낌이 소실되어 류마티스성 말초순환 장애 개선에 유용성이 기대됨
  (Nakada et al., The Ginseng Review, p.89, 1989)

5) 당뇨병에 대한 효과
  • 고려인삼:Insulin 유사작용 물질 함유(G-Rb2 → 혈당치 감소)
    - 당대사 및 고 cholesterol 수치 개선
    - 당뇨병의 자각증상 개선
      ☞ 전신피로감, 권태, 피로, 견비통, 수족냉증 등
    - 당뇨병 환자의 혈액점도 및 뇌혈류 개선
    (Takeku et al., 1990, Yano et al., 1994, Tetsutani et al., 2000, Japan Ginseng review, p.28)
  • 24명의 당뇨병 환자 : 고려인삼을 매일 2.7g씩 4주간 투여함
    - 수족냉증, 숨 가쁨, 어지러움, 허약체질, 피로감, 심계항진 등 일반

증상이 개선되어 당뇨병 환자의 자각증상에 유의한 개선효과를 보였음
(Yamamoto et al., 基礎と臨床, p.17, p.169, 1983)

- 혈당치의 감소, 지질대사의 중성지방 감소, 당뇨병성 신장 장애 억제 효과가 관찰되어 현대의학적 당뇨병 치료에 인삼을 병용하므로써 보다 종합적 치료가 가능하게 될 것으로 기대됨
(Yano et al., Biomedicine & Therapeutics , p.28, p.63, 1994)

• 고려인삼을 40명의 제2당뇨병 환자를 대상으로 매일 2~6g씩 3개월 또는 12개월 복용
- 고려인삼의 경우 제2당뇨병의 대체치료제로서의 가능성을 제시함 (인슐린 저항성을 개선시킴)
(Vuksan et al., Proceedings of the 8th Int'l Symposium, p.424, 2002)

6) 고지혈증에 대한 효과

고지혈증은 혈중 cholesterol, triglyceride가 정상보다 높은 수치를 나타내는데 동맥경화증, 허혈성 심장질환, 관상동맥 질환, 뇌혈관 장애 및 당뇨병 등의 위험인자(risk factor)가 됨

• 고지혈증 환자 67명에 대해 인삼을 매일 2.7g씩 2년간 장기 투여함
- 혈청 cholesterol, triglyceride, 동맥경화지수(수치가 크면 위험도 증가)가 저하되었고 HDL-콜레스테롤(콜레스테롤을 간으로 운반하여 제거하는 역할을 함)이 상승하여 고지혈증의 개선효과를 인정할 수 있음
(Yamamoto et al., 藥用人蔘, p.186, 1985)

• 동맥경화성 환자 23명을 대상으로 매일 2.7g씩 인삼을 4주간 투여하고 신체적 자각증상 조사
- 수족냉증, 현기증, 피로감 등의 전반적인 증상이 개선되었음
(Yamamoto et al., 基礎と臨床, p.17, 1983)

• 건강한 성인 31명을 대상으로 인삼을 매일 아침 공복시 3g을 투여
- 대조군에 비해 HDL-콜레스테롤의 증가 동맥경화의 지수가 저하

되어 건강한 사람의 경우에도 예방차원에서 항고지혈효과를 보여
주었음
(Nakanishi et al., 臨床と研究, p.57, p.323, 1982)

7) 성기능 개선 효과
- 발기부전 환자 대상 : 90명
 -인삼투여 : 1.8 g/ day, 3개월 복용
 -음경강직도, 성욕, 만족도 등 : 60%이상 개선효과
  ‣양성대조군(trazodone)의 효과(30%)보다 우수
  ‣혈관확장 물질(NO) 의 분비촉진 유도
  (Choi et al., Int, J. Impotence Re, 1995)

8) 갱년기 장애에 대한 효과
- 갱년기 여성 환자 : 80명 (4.5~6.0 g/day의 인삼 복용, 2개월)
 -초조감, 어지러움, 난소기능장애(여성 호르몬 estrogen분비 촉
  진), 소화 장애의 개선효과 확인
 -성기능 및 우울증 개선의 효과를 보임
  (Ogita et al., 藥用人蔘, 1994)

9) 피로, 스트레스에 대한 효과
- 택시운전기사 23명(43~63세) : 고려인삼 분말을 매일 4.5g씩 복용
 -이중맹검에 의한 실험
 -졸음제거, 집중력 증진, 불안감 해소 등의 효과 확인
  (Kaneko et al., 藥用人蔘, 2000)
- 야간당직 간호사 12명 : 고려인삼 분말을 매일 1.2g씩 복용(3일)
 -이중맹검에 의한 실험
 -심리생리학적 실험 결과 적응력, 기분 및 수행능력의 향상
  → 항피로 효과 확인
  (Hallstrom et al., Comparative Medicine East and West,
   p.6, p.277, 1982)

- 학생지원자 38명 : 고려인삼 분말을 매일 2.0g씩 복용(30일)
  - 이중맹검에 의한 실험
  - 인삼 투여가 피로도의 경감과 교정능력에 효과가 있음을 시사하였슴.
  (Johnson et al., Proc. 3rd Int'l Ginseng Symp, p.237, 1980)

10) 고려인삼과 체열과의 관계
- 한의학적 음양개념 : 고려인삼은 양으로 분류하고 약성은 온성임
  ☞ 인삼의 온성을 열로 잘못 인식한 오해이며, 인삼은 발열성물질(파이로젠)이 아니라는 것이 확인됨
- 1990년 미국 시카고 일리노이 대학의 Bhargava 교수는 고려인삼의 체온반응에 대한 과학적 동물실험 결과 : 추출물의 보통 투여용량(50~100mg/kg) →체온 변화 없음
  - 고용량(200mg/kg)투여 : 오히려 체온저하 효과 관찰
- 한냉 자극시 실험동물의 체온저하를 사포닌 성분이 억제한다고 보고(일본 kaneko 박사)
  - 냉수부하에 의한 내성시간의 연장
  - 생리적 반응(혈압, 심박수 변화 등)에 대한 항상성 유지 기능 개선
    ☞ 이상의 연구결과는 고려인삼이 체온반응에 양면적 작용이 있음을 제시
- 동·서의학적으로 인삼의 가장 주된 효능 : 강장효능으로 평가
  - 강장 효능 : 냉하게 하는 것보다는 온하게 함으로써 혈액순환 촉진, 대사기능을 원활히 하여 신체의 항상성을 유지함
    ☞ 인삼의 온한 약성은 각 조직 장기에 산소와 영양분을 공급하는 혈액 순환을 원활히 할 수 있도록 몸을 따뜻하게 해 준다는 의미로 해석할 수 있음
- 인삼은 고온 환경 장애를 개선하며 여름철 건강관리에 효험이 있음
  - 일본 Kushu 대학 의학부 Fujimoto 교수에 의하면 고온 환경에 노출된 동물에 인삼투여시 사료 섭취량 및 활동량을 증가시킨다고

보고함

☞ 고려인삼의 성분 중 Ginsenoside Rg1이 실험동물의 정상체온
   유지와 이런 고온 장애에 대한 완충적 효과를 발현하는 것임

☞ 하절기 식욕부진 및 기력저하시 전통식품인 삼계탕을 범용하는
   것을 과학적으로 입증하는 연구결과임

명현현상(暝眩現象)

명현현상과 부작용은 구별하여야 한다.

명현현상은 질병이 나아가는 과정에서 반작용으로 나타나는 일시적인
상태로, 최종적으로 목적지인 원기회복 상태에 반드시 도달해야만 한다.
인체는 동일한 환경에서도 각기 다른 질병이 발생하는 것처럼 일률적으로
자연산삼으로 인한 명현현상을 획일화할 수 없으며, 동일인인 경우에도
그 사람의 현재 건강상태에 따라서
명현현상이 다르게 나타날 수 있
다.

자연산삼을 복용하면 체성(體性
=체질)과 양에 따라 인체에 여러
가지 증상이 나타난다. 물론 어느
경우는 전혀 반응이 나타나지 않는
사람도 있는데, 이는 복용 양이 절
대적으로 부족하거나, 혹은 복용
방법이 올바르지 못하거나, 또는
평소 재배인삼 등을 장기간 복용한
경우로 자연산삼이 인체에 섭취되
어 채워질 원기를 담을 그릇에 이미

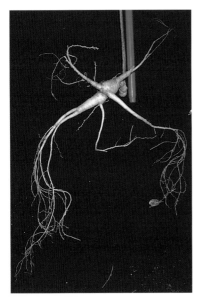

원기가 어느 정도 채워진 상태로 볼 수 있다. 이런 경우 자연산삼의 효능을 충분히 획득하기 위해서는 복용 양을 늘려야 한다.

보통 자연산삼을 복용할 때 명현현상이라고 간주되는 증상으로는

첫째. 훈훈한 정도의 열감(熱感)이다. 이는 체온상승을 의미하는 발열(發熱)과 구분되어야 하고, 열꽃을 동반하는 것과는 더더욱 다르다. 다만 소양인인 경우에 열꽃을 동반하는 사례가 많은데, 24시간 이내에 소실되면서 몸의 피로회복이나 집중력이 높아지는 경우는 명현현상으로 보아도 무방하다.

둘째. 일시적으로 술을 마신 듯 기분이 고취(高趣)되거나 부양감(浮揚感 –공중에 뜬 느낌)이 느껴지는 경우가 생긴다. 이는 자연산삼의 항스트레스와 항우울 작용과 연관성이 있어 보인다.

셋째. 전반적으로 졸음으로 인해 숙면을 취하는 경우도 명현현상의 일원으로 볼 수 있다. 자연산삼이 휴면상태로 머무르면서 생존조건이 나아지는 때를 기다리는 것처럼 잠을 자는 동안 인체의 생리리듬을 고르게 해주워 잠깬 후 상쾌한 느낌을 받을 수 있다. 다만 어떤 체성(體性=체질)에서는 불면인 상태로 이를 대신하기도 한다.

넷째. 복용하면서 과거에 앓았던 통증이나 질병이 나타나되, 기분은 오히려 상쾌한 경우가 종종 있는데, 이 역시 명현현상이다. 그 통증이나 질병은 수일 내에 소실되는데, 과거에 괴로웠던 통증이나 질병을 즐기면서 생활할 수 있고, 질병을 극복할 수 있다는 자신감을 얻을 수 있는 계기를 경험하는 좋은 기회를 맛볼 수 있다.

결국 명현현상은 자연산삼이 인체의 원기를 회복시키는 과정에서 나타나는 일련의 현상이나, 명현현상이 자연산삼의 진품임을 가려내는 척도는 될 수 없다. 한약을 투여하여 위의 현상들은 얼마든지 발현시킬 수 있다. 다만 명현현상의 발현 여부가 중요한 것이 아니라 부작용과 엄밀히 구분하는 것이 더욱 중요하다.

명현현상과 꼭 구분하여야 하는 부작용의 예는 다음과 같다.

첫째. 열꽃을 동반한, 실질적 체온 상승을 의미하는 고열인 경우는 부작용으로 보아야 한다. 보통 인체는 체온이 40℃ 이상인 경우, 환시(幻視), 섬어(譫語-헛소리) 등 뇌의 기능에 이상이 생기게 되는데, 이는 매우 위급한 증상이다.

둘째. 흉민(胸悶-가슴이 답답함), 몸을 가누기 어려울 정도의 현훈(眩暈), 구토(嘔吐), 육혈(衄血-코피), 극렬한 두통(頭痛) 등도 부작용으로 보아야 한다. 이는 자연산삼으로 인한 기역(氣逆-기운이 순행하지 못하고 위로만 솟구침)으로 판단하고, 복용 양과 방법에 대하여 재검토해야 한다. 특히 전초를 생으로 먹는 경우, 현훈, 두통은 뇌두에 함유된 신경흥분독성 비단백질 아미노산인 β-N-oxalo-L-α, β-diaminopropionic acid(β-N-ODAP, 일명 dencichin)로 인하여 나타나는 것이고, 흉민이나 구토, 오심(惡心-미심거림)은 뇌두에 함유된 calcium oxalate가 위(胃)에서 위산(胃酸)과 만나서 옥살산(oxalic acid)으로 전화되어 나타나는 현상으로,

기역현상(氣逆症狀)이 더 발휘되는 체성(體性)이 있는데, 이런 체성(體性)은 달여 먹는 방법이 가장 올바르다.

셋째. 복용 후 3일 이상 지속되는 설사는 부작용이다. 보통 자연산삼에 함유된 사포닌 성분은 어느 정도 양 이내에서는 대변을 잘 통하게 하나, 절대량 이상인 경우는 오히려 장을 무력화시켜 설사를 유발하게 한다는 연구가 보고된 바 있다. 이런 경우 하루 평균 복용 양을 조절해야 한다.

인체에 천연물질의 약을 투입한다는 것은 인체 고유의 자연 치유력을 도와 주워 본래의 생리력을 회복시키려는 노력이다. 그 약에 함유된 성질들이 어떤 경우에는 약으로, 어떤 경우에는 독으로 작용할 수 있다. 본래의 생리력을 회복시키는 과정에서 나타나는 명현현상은 좋은 징후로 받아들일 수 있으나, 그 본질과는 전혀 다른 방향으로 나타나는 부작용을 명현현상으로 주장하는 우매한 행동은 마땅히 배제되어야 한다.

자연산삼의 복용 양과 방법

한의학적으로 자연산삼을 복용할 때, 체성(體性=체질)과 건강상태 등을 고려하여 복용 양과 방법을 결정해야 한다. 흔히 명현(瞑眩) 현상이 나타나야만 효과가 있다고 믿고 생으로 전초를 씹어 먹는 것이 가장 좋은 방법으로 생각되어지는 것은 산을 보지 못하고 나무만 보는 격이다. 간혹 부작용을 명현(瞑眩) 현상으로 오인하는 경우가 왕왕 있는데, 이를 분별하기 위하여 전문 한의사의 투약지도가 필요하다고 하겠다.

흔히 자연산삼을 재배인삼에 견주어 소음인의 약에 분류하고, 소음인에게만 국한되어 써야 한다는 주장이 있는데, 이는 병태(病態)와 체성(體性) 중 체성(體性)을 더 중시한 것으로 어느 정도 인정해 줄 수 있다. 그러나 인삼에 관한 역대 본초서(本草書)에 수록된 성미(性味)가 시대의 변천(자연채취에서 점차 재배함)에 따라 서로 다르게 쓰인 바에 비추어 볼 때,

자연산삼과 재배인삼의 성미(性味)가 완전히 일치하지 않는다는 점과 특정한 질병의 경우, 병태(病態)를 더 중요시하거나, 체성(體性)과는 별도로 효능 관점으로 본다면 다른 체성(體性)에도 쓸 수 있을 것이라 생각된다.

아래의 복용 양과 방법은 기존의 임상경험과 재배인삼의 복용 양에 준하여 설정한 것으로, 상기한 바와 같이 가급적 전문 한의사에게 복용 양 및 방법에 대하여 도움을 청하는 것이 좋다. 한의학에서 변증시치(辨證施治)라는 용어가 있는데, 이는 증상을 구분하여 치료에 임한다는 말로써, 개개인의 증상에 대한 정확한 판단이 필요함을 말하는 것이다. 자연산삼이 천연물이자 고가의 한약이라는 점에서 이왕 복용하고자 한다면 보다 정확한 증상과 체질에 맞추어 복용하는 것이 현명하다고 본다. 설령 치료제가 아닌 단지 몸을 보하기 위해서 복용하더라도 이는 매우 중요한 사항으로 유념하여야 한다. 필자들이 아토피 환자나 암 환자들에게 사용하는 경우에는 반드시 맥과 증상을 확인한 후 사용한다. 아래의 복용 양과 복용방법은 민간에서 혹은 일부 임상에서 사용하는 양이므로 참고하기 바란다.

첫째. 복용 양

체성(體性=체질)과 건강상태 및 복용방법에 따라 차이가 있으나, 보통 자연산삼의 일일 복용 양은 6g~36g 정도(하루 평균 10g)로, 10일간 10회를 한 주기(週期)로 하여 복용 중 인체 변화의 면밀한 관찰 및 전문 한의사의 지도를 받으면서 꾸준히 복용하는 것이 좋다고 생각된다.

둘째. 복용방법

사상의학(四象醫學)으로 보면 인체는 체성(體性)에 따라 원기를 담고 있는 그릇의 크기가 저마다 다르므로 같은 음식과 환경에서도 서로 다른 질병 양상을 보이게 된다. 자연산삼이 인체의 원기를 보양(保養)하는 약 중에 최고의 명약임에도 불구하고 그 적재적소의 쓰임이 올바르지 못하다면 한낱 풀뿌리와 무엇이 다르겠는가? 자연산삼을 한의학적 기미·귀경론(氣味·歸經論)에 입각하여 분석하고, 사상인(四象人) 체성(體性)의 특성을 파악하면 복용방법과 양을 결정할 수 있다. 특히 소음인인 경우는 음식물이 소화기 내에 오래 머물수록 신체 리듬에 부담이 되므로 많은 양을 빠른 시간에 흡수하려는 경향이 있고, 소양인은 흡수 능력이 비교적 완만하여 많은 음식을 급하게 소화, 흡수시키는 능력이 부족하므로 적은 양을 천천히 오래 복용시켜야 함을 기준으로 삼을 수 있다.

㉮ 소음인(少陰人)

소음인은 낙성(樂性)이 심확(深確)하여 신(腎)과 대장(大腸)의 원기를 담는 그릇(精海, 液海)을 크게 타고나고, 반면 희정(喜情)이 촉급(促急)하여 비(脾)와 위(胃)의 원기를 담는 그릇(膜海, 膏海)을 작게 타고난 생리적인 특성을 가지고 있다. 비(脾)의 생리적 그릇이 작아 위중(胃中)에서 수곡

(水穀)의 양열(陽熱)한 기운을 수납하는 능력이 부족(不足)한 고로 대장(大腸)에 수곡(水穀)의 음한(陰寒)한 기운이 너무 많이 쌓이므로 소음인의 속병은 대장한기(大腸寒氣)가 독소(毒素)로 작용하여 정기(正氣)인 신양청기(腎陽淸氣), 비양청기(脾陽

淸氣), 위양청기(胃陽淸氣)의 순환(循環)을 막는 까닭으로 질병이 발생하게 된다. 속병에서 대장(大腸)의 한기(寒氣)가 독소인 소음인의 약들이 건강(乾薑), 부자(附子), 관계(官桂) 등과 같이 전반적으로 뜨거운 성미(性味)를 가진 이유가 바로 이 때문이다.

자연산삼을 한의학적 약리이론(藥理理論)인 기미·귀경론으로 볼 때, 소음인이 복용할 경우 그 본래의 효능을 가장 뚜렷하고 신속하게 나타난다. 하루 평균 복용 양 범위 이내에서 많은 양을 복용하여도 큰 무리가 없고, 특정한 질병이라도 복용 양(보통 3週期 300g)이 충분하다면 탁월한 효과를 나타낼 수 있으리라고 본다. 방법에 있어서도 생(生)이던지, 달여서 복용하던지 모두 가능하다. 다만 위(胃)와 대·소장(大·小腸)의 흡수, 배변 기능에 무리가 있는 경우에는 달여 먹는 것을 원칙으로 하는 것이 좋다. 경우에 따라서 황기(黃芪), 당귀(當歸), 목향(木香), 건강(乾薑), 계지(桂枝), 부자(附子) 등과 약대상(藥對上-두 가지 이상의 약물이 혼합 작용하여 서로 협조 제약하므로써 약의 효과가 극대화되거나 그 이상의 효과를 낸다는 한의학적 약물 배합원리) 서로 배필로 삼아 복용한다면 얻고자 하는 효능은 더욱 많아지리라 본다.

㉯ 태음인(太陰人)

태음인은 희성(喜性)이 광장(廣張)하여 간(肝)과 소장(小腸)의 원기를 담는 그릇(血海, 油海)을 크게 타고나고, 반면 낙정(樂情)이 촉급(促急)하여 폐(肺)와 위완(胃脘)의 원기를 담는 그릇(膩海, 津海)을 작게 타고난 생리적인 특성을 가지고 있다. 폐(肺)의 생리적 그릇이 작아 위완(胃脘)에서 수곡(水穀)의 양온(陽溫)한 기운을 호흡하는 능력이 부족(不足)한 고로, 소장(小腸)에 수곡(水穀)의 음양(陰凉)한 기운이 너무 많이 쌓이므로 태음인의 속병은 소장양기(小腸凉氣)가 독소(毒素)로 작용하여 정기(正氣)인 간양청기(肝陽淸氣), 폐양청기(肺陽淸氣), 위완청기(胃脘淸氣)의 순환(循環)을 막는 까닭으로 질병이 발생하게 된다. 속병에서 소장(小腸)의 양기(凉氣)

가 독소인 태음인의 약들이 녹용(鹿茸), 길경(桔梗), 갈근(葛根) 등과 같이 전반적으로 따뜻한 성미(性味)를 가진 이유가 바로 이 때문이다.

자연산삼을 태음인이 복용하는 경우에 그 본래의 효능을 나타나기까지 비교적 오랜 시간이 걸린다. 하루 평균 복용 양을 10g정도에서 서서히 하되, 복용기간을 소음인에 비해 늘려 잡아야 한다. 복용방법도 처음은 달여서 먹고, 어느 정도 기간이 지나면 생으로 먹는 것이 좋다. 경우에 따라서 연자육(蓮子肉), 승마(升麻), 녹용(鹿茸), 아교(阿膠), 마황(麻黃), 저근백피(樗根白皮) 등과 약대상(藥對上) 서로 배필로 삼아 복용한다면 얻고자하는 효능은 많아지고, 부작용은 많은 부분 상쇄되리라 본다.

㉰ 소양인(少陽人)

소양인은 희성(怒性)이 굉포(宏抱)하여 비(脾)와 위(胃)의 원기를 담는 그릇(膜海, 膏海)을 크게 타고나고, 반면 애정(哀情)이 촉급(促急)하여 신(腎)과 대장(大腸)의 원기를 담는 그릇(精海, 液海)을 작게 타고난 생리적인 특성을 가지고 있다. 신(腎)의 생리적 그릇이 작아 대장(大腸)에서 수곡(水穀)의 음한(陰寒)한 기운을 수납하는 능력이 부족(不足)한 고로 위중(胃中)에 수곡(水穀)의 양열(陽熱)한 기운이 너무 많이 쌓이므로 소양인의 속병은 위중열기(胃中熱氣)가 독소(毒素)로 작용하여 정기(正氣)인 비양청기(脾陽淸氣), 신양청기(腎陽淸氣), 대장청기(大腸淸氣)의 순환(循環)을 막는 까닭으로 질병이 발생하게 된다. 소양인의 약들이 숙지황(熟地黃), 석고(石膏), 황련(黃蓮) 등과 같이 전반적으로 차가운 성미(性味)를 가진 이유가 바로 이 때문이다.

자연산삼을 속병에서 위중(胃中)의 열기(熱氣)가 독소인 소양인이 복용하는 경우에 일단 신중을 기하여야 한다. 그 본래의 효능이 나타나기 전에 부작용이 나타나는 경우가 많은데, 이는 명현현상과 구분하여야 한다. 자연산삼의 효능에 알맞은 질병을 가진 경우에 한해서 복용하여야 한다. 하루 평균 복용 양을 5g 정도로 하되, 복용기간을 가장 길게 하여야 한다. 복용방법도 특별한 경우를 제외하고 달여서 먹고, 한약과 겸하여 복용하는 것이 좋다. 소양인은 숙지황(熟地黃), 석고(石膏), 황련(黃蓮) 등과 약대상(藥對上) 서로 배필로 삼아 복용한다면 얻고자 하는 효능은 많아지고, 부작용은 많은 부분 상쇄되리라 본다.

자연산삼을 생으로 전초까지 먹는다면

자연산삼을 어떤 방법으로 복용할 때 소화흡수를 더 용이하게 하여 효과를 극대화시킬 수 있는가? 공복에 자연산삼을 생(生)으로 전초(全草)까지 씹어서 먹는 것이 가장 일반적인 방법으로 알려져 있다. 자연산삼을 생(生)으로 전초(全草)를 먹는 것은 소화흡수가 잘되고, 속 쓰림, 메스꺼움, 변비 등으로 고생하지 않는 소음인(少陰人)이나 일부의 태음인(太陰人)들은 무방하나, 암(癌)과 같은 대병(大病) 후에 소화흡수가 문제가 되거나, 변비가 심하며, 특별한 원인을 찾을 수 없는 피부질환을 앓고 있는 소양인(少陽人)이나 일부의 태음인들과 특히 골다공증의 우려가 있는 갱년기 이후의 노인이나, 한창 성장할 어린이들에게는 적합하지 않다고 사료된다.

전초를 생으로 먹는 경우 뇌두에 함유된 신경흥분독성 비단백질 아미노산인 β-N-oxalo-L-α, β-diaminopropionic acid(β-N-ODAP, 일명 dencichin)로 인하여 두통이나 현훈(眩暈-어지럼증)이 나타날 수 있고, 뇌두에 함유된 calcium oxalate가 위(胃)에서 위산(胃酸)과 만나 옥살산(oxalic acid)으로 전화되어 흉민이나 구토, 오심(惡心-미심거림)등이 나타나는 기역현상(氣逆症狀)이 더 발휘되는 체성(體性=체질)이 있을 수 있으므로 생으로만 복용하려는 고집은 재고해 볼 필요가 있다. 두 성분 모두 열을 가하면 어느 정도 약화시킬 수 있다.

생화학적(生化學的) 견지에서 볼 때, 자연산삼의 주성분인Ginse-noside뿐만 아니라 탄소화합물로 이루어진 전초의 생분자(生分子)들은 전기적 인력에 의해 생기는 수소결합(hydrogen bonding)이라는 견고한 사슬로 얽혀 있는 구조를 하고 있다. 우리 인체는 이 견고한 사슬을 끊는 과정을 거친 후 유효성분을 소화흡수하여 신진대사 활성을 촉진시키는데 쓰고 있다. 자연산삼의 수소결합은 전초보다는 물을 가하여 열처리를 하면 결합의 힘이 많이 느슨해져 우리 인체가 소화흡수하는데 훨씬 수월해진다. 따라서 소화흡수에 대한 문제를 다소나마 덜고 싶다면 전초로 먹는 것보다 가수분해나 달여 먹는 등 여러 가지 방법을 활용하는 것이 더 합당하다고 하겠다.

생으로 복용할 때 전초에 온전하게 보존된 섬유소(纖維素)는 대변을 지나치게 단단하게 만들어 배변을 방해하기도 하고, 영양소의 소화관 통과 시간을 단축시켜 유효성분의 흡수를 곤란하게 하며, 칼슘(Ca), 아연(Zn), 철분(Fe) 등의 무기질과 지용성 비타민의 흡수를 막을 수 있다.

자연산삼을 자연 그대로의 상태로 먹는 것은 일단 바람직한 방법이다. 그러나 자연산삼이 단순한 식품이 아니고 약이라 한다면 극소수이지만 생으로 먹어서는 안될 환자에 대한 고찰도 마땅히 이루어져야 한다. 생으로 먹었을 때의 문제점을 바로 안다면 생으로 먹지 말아야 할 환자나 질환도 분명해질 것이다.

자연산삼을 미음(죽)으로 복용방법

자연산삼을 자연 그대로 먹는 것이 가장 좋은 방법이긴 하나, 어떤 질병을 가진 사람이나 특별한 상황에서는 생으로 먹어서는 본래 얻고자 하는 효과를 얻을 수 없다. 암(癌)과 같은 대병(大病) 후에 소화 흡수의 문제가 있거나, 기역(氣逆) 현상이 쉽게 나타나는 소양인(少陽人)이나 일부의 태음인(太陰人), 골의 밀도가 성근 노인이나, 한창 성장할 어린이들에게는 적합하지 않다고 사료된다. 이런 경우 효과를 극대화시키기 위한 또 다른 복용방법이 필요한데, 자연산삼을 달여서 먹는 방법이나 체질에 맞는 미음을 만들어 먹는 방법이 좋다고 하겠다.

예로부터 큰 질병 후나 위장장애가 심한 사람들에게 미음(죽)과 같은 유동식을 많이 권해 왔다. 또한 입에서 20번 이상 꼭꼭 씹는 것이 위장은 물론 몸 전체에 좋다는 연구결과도 있다. 음식물 입자의 크기가 작아질수록 고형물질의 질량에 대한 표면적의 비가 커지기 때문에 잘 씹거나 유동

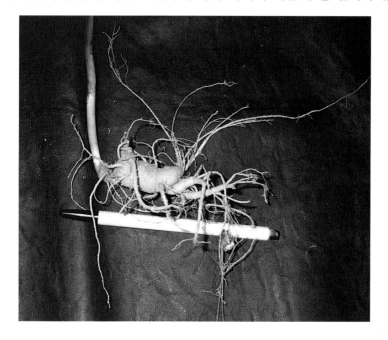

식일수록 소화효소의 작용 표면적도 넓어져서 소화흡수가 더 용이하기 때문이다.

자연산삼을 생으로 복용하기 어려운 경우, 각각의 체성(體性=체질)에 따라 복용하는 방법은 다음과 같다.

㉮ 태음인(太陰人)

10g의 자연산삼을 깨끗이 씻어 1400cc의 물에 3시간여 동안 약한 불로 600cc의 물이 남을 정도로 달인다. 자연산삼을 꺼내고 달인 물을 300cc씩 하루 두 번 공복에 나누어 먹는다. 달여진 자연산삼을 잘 갈아서 멥쌀이나 현미와 함께 미음을 만들어 나머지 끼니 때 먹는다. 마른 밤이나 율무가루 등을 같이 섞어 먹으면 소화 흡수를 돕는다.

㉯ 소음인(少陰人)

태음인의 달이는 방법과 동일하나, 소음인의 약들이 대부분 약간 볶아서 쓸 때 더 효과가 있듯 미음보다는 누룽지 형태가 좋다. 찹쌀로 지은 밥을 약한 불로 눌려 누룽지를 만들고, 거기에 달인 자연산삼을 잘 갈아 물과 함께 넣고 끓여서 역시 나머지 끼니에 먹는다. 마늘이나 생강가루를 양념으로 먹는다면 소화에 도움이 된다.

㉰ 소양인(少陽人)

태음인의 달이는 방법과 동일하나, 물을 더 붓고 5시간 이상 달인다. 미음은 보리로 지은 밥을 참기름을 조금 넣고 볶은 후 곱게 갈아놓는다. 거기에 달인 자연산삼을 잘 갈아 물과 함께 끓여 미음으로 만들어서 나머지 끼니에 먹는다. 전복이나 녹두가루를 곁들이면 더욱 좋다.

자연산삼을 복용할 때 빠지기 쉬운 오류

요즘 인터넷상이나 관련서적을 검토하다 보면 자연산삼의 복용에 대한 내용이 관념(觀念)에 묶여 있는 듯한 느낌이 든다. 처음 기술한 사람이 정확한 검토 없이 으레 이야기한 내용을 아무런 검증도 거치지 않고 도용(盜用)해 쓰다 보니 오류(誤謬)를 답습하곤 한다. 그 중 가장 많이 접하는 자연산삼과 관련된 내용 중에 가장 의문이 생기는 부분이 바로 다음 사항이다. 거의 모든 인터넷 싸이트나 관련서적에서 아래와 같이 적고 있다.

자연산삼의 복용방법

‣복용 삼일 전 – 구충제를 복용한다.
‣복용 이틀 전 – 미음이나 죽을 먹어 소화기능을 좋게 한다.
‣복용 하루 전 – 매운 음식이나 짠 음식, 신 음식을 삼가며 위의 부담
　　　　　　　을 줄인다.
‣복용 당일 – 깨끗한 생수로 씻어낸 후 이른 아침 복용하되, 생초를
　　　　　　씹어서 잔뿌리까지 다 먹는다.
‣복용 하루 후 – 미음이나 죽을 먹는다. 콩, 무로 만든 음식은 삼간다.
‣복용 이틀 후 – 정상적인 식사를 하며, 과로나 부부생활 및 음주, 목
　　　　　　　욕은 삼간다.

과연 자연산삼을 복용할 때 구충제를 복용할 필요가 있는 것일까? 미음이나 죽을 먹어 소화기능이 좋아지면 자연산삼 복용에 도움이 되는가? 맵거나, 짜고, 신 음식을 어느 정도 삼가야 하는가? 생초를 그냥 씹어 먹는 것은 합당한가? 콩과 무로 만든 음식은 왜 먹으면 안되는가? 과로나 부부생활 및 음주, 목욕은 자연산삼 복용과 무슨 관계가 있을까? 이런 질문에 대한 명확한 해답이 있는지 고민을 한번쯤 할 필요가 있다. 그리고 이를 바탕으로 정리하여 올바른 복용 방법은 과연 무엇인지에 대한 검토가 이루어져야 할 것이다.

먼저 구충제 복용에 대하여 생각해 보자.

인체기생충은 십이지장충(十二指腸蟲) 등의 원충(圓蟲), 갈고리촌충(有鉤寸蟲)이나 민촌충(無鉤寸蟲) 등의 촌충(寸蟲), 필라리아(絲狀蟲) 등의 요충(蟯蟲), 간디스토마 등의 흡충(吸蟲), 기타 연충(蠕蟲), 선충(線蟲)이 있다. 인체에 기생충은 거의 모든 부위에 기생하지만 특히 소화관에 기생하는 것이 많다. 기생충에 감염되면 미열, 흉부 작열감(灼熱感), 복통, 설사 등의 증상이 나타난다. 현재 우리나라에서 사용되는 구충제는 벤지미디졸의 유도체인 알벤다졸(Albendazole)로 장내 기생충 중 특히 토양 매개성 기생충에 효과가 있다. 알벤다졸은 타 구충제보다 상대적으로 독성은 적으나, 때로는 복통, 설사를 일으키며, 임신 중에는 복용을 금하는 약이다.

자연산삼을 복용할 때, 구충제를 꼭 먹어야 하는 하는가에 대하여 생각해 보자. 기생충에 일단 감염되면 먼저 기생충을 구제해야 하는 것이 당연하다. 그러나 자연산삼을 먹는다고 사전 준비 작업으로 구충제를 복용해야 한다는 것은 합리적이지 못하다. 70년대 이전 초근목피나 황토 등으로 먹거리를 대신하고, 주로 흙과 접촉하여 영양상태와 보건위생이 비교적 불량한 시절에 토양 매개성 기생충이 많았던 것은 사실이나, 경제가 발전하고 보건위생이 향상된 지금 토양 매개성 기생충은 현저하게 줄었다. 대한기생충학회에서도 "회충, 구충, 편충 등 토양 매개성 기생충은 경제성장과 더불어 크게 감소하였지만, 물이나 음식을 매개로 하는 디스토마나 고래회충 유충 등의 기생충은 오히려 증가하는 추세이다"라고 발표하였고, 1995년부터 면 단위 소재 국민학교(현 초등학교)를 끝으로 대변집단검사와 투약사업이 중단되었다. 현재에는 회충, 구충, 편충 같은 토양 매개성 기생충보다 말라리아나 간·폐디스토마 같은 원충이나 흡충(吸蟲)의 감염이 더 심각한 상황이다. 우리가 흔히 구입할 수 있는 구충제인 알벤다졸은 바로 토양 매개성 기생충을 구제하는 약으로, 말라리아나 간·폐디스토마는 구제할 수 없다. 일반적으로 약이라고 하는 것은 어느 것을 막론하고 모두 독성이 있다. 독성이 있음에도 불구하고 그 독성으로 인한 폐해보다는 그 약이 가져오는 혜택이 더 큰 경우에 약을 사용한다.

자연산삼을 먹기 전 구충제를 복용하는 것은 약을 남용하는 사례이다. 혹시 귀한 약재를 먹어야 하는데 기생충이란 놈에게 빼앗기지 않을까 하는 생각이나, 기생충 감염에 따른 임상 증상으로 자연산삼의 명현현상이 반감되지 않을까 하는 생각은 옛날의 기우에 불과하다. 구충제의 복용은 일시적으로 장 기능을 저하시켜 복통, 설사를 유발하는 경우도 있음을 상기해야만 한다. 다만 초등학교 저학년 이하의 어린이들 중 평소 놀이터나 운동장에서 흙을 가지고 노는 아이들에게 가을철에 구충제를 복용시키는 것은 권장할 만하나, 자연산삼과 구충제를 연관지어 주술적으로 복용시키는 것은 바람직하지 않다고 본다.

미음이나 죽을 먹어 소화기능이 좋아지면 자연산삼 복용에 도움이 되는가와 맵거나, 짜고, 신 음식을 어느 정도 삼가해야 하는가에 대하여 생각해 보자.

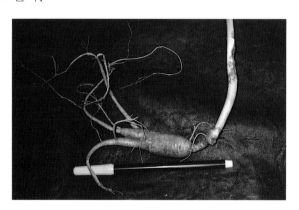

예로부터 큰 질병 후나 위장장애가 심한 사람들에게 미음(죽)과 같은 유동식을 많이 권해 왔다. 또한 입에서 20번 이상 꼭꼭 씹는 것이 위장은 물론 몸 전체에 좋다는 연구 결과도 있다. 음식물 입자의 크기가 작아질수록 고형물질의 질량에 대한 표면적의 비가 커지기 때문에 잘 씹거나 유동식일수록 소화효소의 작용 표면적도 넓어져서 소화흡수가 더 용이하기 때문이다.

자연산삼을 복용하기 하루 이틀 전에 미음(죽)을 먹는 것은 꼭 필요한가에 대한 답은 꼭 그럴 필요는 없다는 것이다. 평소에 미음(죽)으로 식사를 하는 경우도 아니고, 이틀 전부터 갑자기 식사의 패턴을 바꿔 미음(죽)을 먹는 것은 입원환자나 직장이 없이 집에서 요양하는 사람이 아니고서는 현실적으로 불가능하며, 오히려 공복감(空腹感)을 부추겨 다른 간식으로 위장을 괴롭히는 경우도 있고 하루 이틀 미음(죽)만 먹는다고 소화기능이 탁월하게 좋아지는 것은 아니기 때문이 그 하나요, 자연산삼을 복용하는 방법이 죽이 아닌 씹어서 먹는다면, 미음(죽)의 소화흡수는 어느 정도 용이하다 할 수 있으나, 정작 필요한 자연산삼의 소화흡수는 미음(죽)을 먹든지 안 먹든지 별로 차이가 없는 것이 그 두 번째 이유다. 정말로 하루 이

틀 미음(죽)을 먹어서 소화기능이 좋아지는 위장질환 환자나 허약한 사람이라면 자연산삼도 생으로 씹어 먹지 말고 미음으로 해서 먹어야 할 것이다. 정작 소화흡수를 위하여 미음(죽)을 먹으려면 건강한 사람이 자연산삼을 아주 오래 씹어서 천천히 먹고, 30분 정도 지나 체성(체질)에 맞는 죽을 따뜻하게 만들어 먹는 것이 자연산삼을 먹기

전 하루 이틀에 미음(죽)을 먹는 것보다 오히려 더 합당할 것이다.

　한의학에서 매운 맛은 조열(助熱-몸을 데워 줌), 발한(發汗), 건위(健胃-소화를 용이하게 함), 식욕증진(食慾增進)의 효과가 있으나 너무 과다하게 섭취하면 적게는 위벽을 자극하여 속 쓰림과 복부 불쾌감을 주고, 많게는 근육이 이완되고 진액(津液)을 말려 심장에 무리를 주며, 정신이 혼미해 진다고 하고, 짠맛은 연견(軟堅-굳은 것을 풀어 줌), 침하(沈下-흥분을 안정시킴)의 효과가 있으나, 과다하게 장기간 섭취하면 신장기능이 나빠지고 체내 이온 균형이 깨져, 고혈압 등 성인병에 이를 수 있으며, 신맛은 수렴(收斂) 작용이 강하여 지수(止嗽-기침을 멈춤), 지허한(止虛汗-헛땀을 멈춤) 등의 효과가 있으나 과다하게 섭취하면 소변이 막히는 경우가 생긴다고 한다.

　자연산삼을 복용하기 하루 전에 위에게 부담을 주지 않기 위하여 맵고 짜고 신맛을 삼가는 것은 타당하다고 보며, 평소에도 적당한 양 이상으로 맵고 짜고 신맛을 섭취하는 것은 바람직하지 못하다고 생각된다.

　콩과 무로 만든 음식은 왜 먹으면 안되는가에 대하여 생각해 보자.
　『동의보감(東醫寶鑑)』〈잡병편(雜病篇)〉을 보면 "콩(大豆)은 성(性)이 온(溫)하고 맛이 달며 무독(無毒)하니, 조중(調中), 하기(下氣)하고, 관맥(關脈)을 통(通)하게 하며, 금석약(金石藥)의 독(毒)을 제어(制御)한다......(중략)......콩의 성(性)은 본래 평(平)한 것인데, 수제(修製)하는 방법에 따라서 효(效)가 각각 다르다. 끓인 즙(汁)은 심(甚)히 양(凉)하니, 빈열(煩熱)을 제(除)하고, 모든 약독(藥毒)을 풀며, 두부(豆腐)는 풍(風)을 다스리며, 메주는 극(極)히 냉(冷)하나 황권(黃券)과 장(醬)을 만들면 다 평화(平和)하니, 대체로 약용(藥用)에 마땅하다."라 하였고, 또 "무(蘿葍)는 성(性)은 온(溫)하고, 미(味)는 맵고 달며, 무독(無毒)하다. 음식(飮食)을 소화(消化)하고, 담벽(痰癖)을 그치게 하며, 관절(關節)을 통리(通利)하고, 오장(五臟)의 악기(惡氣)를 제거하며, 폐위(肺痿)와 토혈(吐血), 노수(勞瘦)

의 기침을 멈추게 한다……(중략)……하기(下氣)를 빠르게 하니, 오래 먹으면 영위(榮衛)를 삽(澁)하게 하고, 수발(鬚髮)이 조백(早白)한다.”라고 하였다. 콩의 끓인 즙(汁)이 모든 약독(藥毒)을 푼다는 것과 무가 수발(鬚髮)을 조백(早白)하게 한다는 점에서 보통 한약을 복용할 때처럼 자연산삼을 복용할 때, 콩과 무로 만든 음식을 삼간다고 하는데, 정확히 말하면 콩의 끓인 즙(汁), 두부와 메주는 한의학적 기미론(韓醫學的 氣味論)에 근거해 볼 때 자연산삼과 동시에 먹는 것은 마땅하지 않다. 또한 혹자(或者)는 콩과 무가 하기(下氣) 즉 기운을 아래로 내린다는 공통점을 가지고 있다는 근거로 자연산삼과 병용해서는 안된다고 하는데, 하기(下氣)의 기운은 탁(濁)한 기운을 말하는 것으로 인체의 신진대사에 꼭 필요한 작용이니, 자연산삼을 복용할 때 꼭 금기할 필요는 없다. 오히려 콩(콩나물과 된장을 포함)과 무는 자연산삼의 효능을 도울 수 있는 면을 가지고 있어 관념적으로 이들은 안된다고 하는 것은 옳지 않다고 본다. 결론적으로 삼갈 식품은 콩과 무가 아니라 끓인 콩의 즙, 두부, 메주라고 보는 것이 옳다.

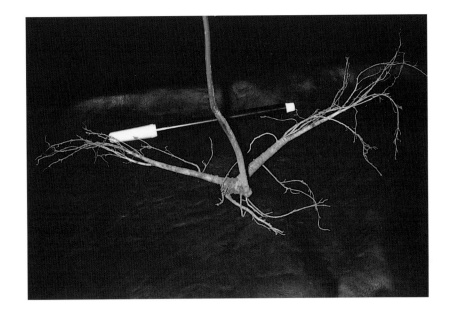

과로나 부부생활 및 음주, 목욕은 자연산삼 복용과 무슨 관계가 있을까?

한의학(韓醫學)에서는 약(藥)의 기운이 각각의 장부에 미치는 바를 기미·귀경론(氣味·歸經論)으로 설명하고 있다. 인삼(人蔘)은 보통 상초(上焦)인 심폐(心肺)와 중초(中焦)인 비위(脾胃)로 들어가 작용을 하는 반면, 자연산삼은 상·중초(上·中焦)는 물론 하초(下焦)인 간신(肝腎)까지 내려가 작용을 하는데, 과로나 부부생활은 하초(下焦)의 기운을 소모시키고, 음주는 중·하초(中·下焦)의 기운을 울체(鬱滯)하게 만들어 자연산삼의 소화흡수를 지연시키는 경향이 있으므로 경우에 따라서는 삼가는 것이 좋다. 60세 이후의 정력 감퇴를 호소하는 사람이 자연산삼을 한두 뿌리 복용했다고 매일 부부생활을 하면서 효과가 없다고 호소한다면 우물에서 숭늉 찾는 격이다. 이런 경우 자연산삼이 상중하 삼초(三焦)에 모두 작용하여 오장육부(五臟六腑)의 기능을 향상시키는 효능이 있으므로, 자연산삼이 흡수되어 신진대사를 거치면서 그 본래의 효과를 거두는 시간은 사람에 따라 다르지만 그 때까지 인내심을 가지고 기다릴 필요가 있겠다.

그러나 목욕을 삼가는 것은 자연산삼과 무관하다. 어떤 사람은 땀을 내면 자연산삼의 성분이 땀으로 빠져나가 효과가 없다고 주장하는데 이는 그렇지 않다. 땀이라고 하는 것은 노폐물을 배설하고, 체온을 조절하는 기능을 가지고 있다. 지나치지 않은 약간의 땀은 오히려 신진대사에 도움을 줄 수 있어 자연산삼의 효과를 맛보는데 도움이 된다. 자연산삼을 복용할 때 권장할 만한 목욕은 반신목욕(半身沐浴)으로, 따뜻한 물에 하반신을 담그고 흐르지 않을 만큼의 땀을 내는 것으로 두 손이 물 속에 넣지 않는 것이 중요이다. 이는 기혈(氣血)의 순환이 상하로 원활해지므로 음양(陰陽)의 이치에 부응한다고 할 수 있다.

자연산삼의 진품 여부를 가리는 것 만큼이나 복용방법과 양을 어떻게 정해야 하는 문제는 매우 중요하다. 진품의 자연산삼을 구했다고 하더라도 올바른 복용방법과 양을 모른다면 자연산삼의 참된 효능을 기대하기

어려울 것이다. 이제까지 많은 사람들이 돈벌이를 위하여 진품여부와 판매에만 매달려 오면서 복용방법이나 양에 대한 문제 제기는 거의 안한 상태이다. 한의사의 입장에서 볼 때 복용방법이나 양에 대한 연구는 반드시 이루어져야 한다고 본다.

　정신과 병원에서는 간혹 실험을 위하여 환자에게 전혀 효과가 없는, 밀가루로 만든 위약(僞藥-가짜 약)을 진짜 효과 있는 약이라고 믿게 설명하고 투약한다. 그러면 밀가루 위약(僞藥)을 먹은 환자들이 호전되는 경우가 호전되지 않는 경우보다 훨씬 많은데 이게 바로 플라시보 효과(Placebo effect)이다. 이제는 자연산삼을 주면서 주술적으로 환자가 지키기 어려운, 지킬 필요도 없는 주문을 복용방법으로 제시하는 폐단은 없어졌으면 하는 바람이 있다.

부 록

전 세계에 인삼속의 초본식물이 몇 종류나 있는지
확실히 알려진 바가 없다. 이에 인삼속 식물을 분류하여
자연산삼 연구의 밑거름이 되고자 한다.

전 세계의 인삼속 (*Panax* L.) 식물의 형태 및 분포

인삼(자연산삼)은 식물분류학적으로 피자식물문(被子植物門), 쌍자엽식물강(雙子葉植物綱), 이판화군(離瓣花群), 산형화목(繖形花目), 두릅나무과(五加科), 인삼족(人參族), 인삼속(人參屬)에 속하는 식물로, 전세계로 5종 7변종(12종류)이 아시아의 동부와 중부지역 및 북미 지역에만 분포하는 것으로 알려져 있고, 약효가 있는 것은 우리 나라와 중국의 동북지방에 있는 인삼(자연산삼)과 북미의 일부 지역에 있는 서양삼(광동인삼)을 포함한 2~3종류 뿐이라고 알려져 있다.

재배인삼은 약용식물로 대단한 가치가 있기 때문에 많은 연구가 진행되었으나 자연산삼은 희귀하고 고가이기 때문에 연구 재료로 매우 얻기 어려워 거의 연구가 진행되지 않았다. 인삼속 식물은 형태적으로 잎의 모양, 꽃의 색, 노두(蘆頭=뇌두)와 뿌리의 모양 등에서

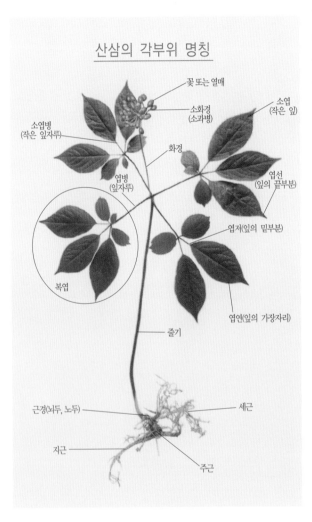

산삼의 각부위 명칭

꽃 또는 열매
소화경 (소과병)
소엽 (작은 잎)
소엽병 (작은 잎자루)
화경
엽병 (잎자루)
엽선 (잎의 끝부분)
엽저(잎의 밑부분)
복엽
엽연(잎의 가장자리)
줄기
근경(뇌두, 노두)
세근
지근
주근

변이가 심하고, 유효 성분과 약효에 대한 논란이 많으며, 분포하고 있는 지역의 생태적인 환경이 다양하여 해발 수백m에서 4000m까지 분포하고 있다. 그러므로 전 세계의 인삼속 식물에 대한 분류학적, 형태학적 및 생태학적인 연구를 바탕으로 성분의 분석, 임상 및 효능 입증이 수반되어 우리 인삼의 우수성을 입증하고 질병의 예방이나 치료약으로 사용하기 위하여 국가적인 지원이 절실히 요구된다.(참고그림은 중국식물지 제54권에서 발췌하였슴)

人蔘屬(*Panax* L.)식물의 특징

다년생 초본으로 노두가 ① 짧은 줄기 모양으로 횡추(횡취, 가락지, 연륜)가 있는 것, ② 대나무의 땅속 줄기처럼 마디가 있는 것, ③ 길게 구슬을 꿴 것 같은 모양, ④ 방추 모양, ⑤ 생강 덩어리 모양 등인데 두 가지 이상의 복합적인 형태를 가진 것이 있어서 매우 복잡하다. 뿌리는 방추 모양, 실 모양, 호두 모양 등이고 노두에서 하나의 줄기(莖)가 나오고 이 줄기(莖) 끝에 잎자루(葉柄, 久)가 1~7개가 붙고, 장상복엽(掌狀複葉, 마치 손바닥을 편 모양)의 잎이 붙는다. 잎은 어릴 때에는 그 수가 적으나 연륜이 지나면 그 수가 점점 늘어나는데, 가운데 잎의 크기가 가장 크고 옆으로 갈수록 점점 작아진다. 꽃은 양성화(兩性花, 암술과 수술이 같은 꽃에 있는 것)로 산형꽃차례(繖形花序, 꽃이 붙어 있는 모양이 우산 모양)를 하고 꽃잎은 5개이며 5~7월에 피고 연한 황록색 또는 자색이다. 꽃받침은 5개이며 꽃눈은 기왓장 모양으로 겹겹이 싸여 있다. 수술은 5개로 수술대는 짧고, 씨방은 2개의 작은 방으로 나누어지나 때로는 3~5개도 있다. 열매는 납작한 둥근 모양 또는 세모꼴의 둥근 모양이다. 종자는 2개가 맺히나 드물게 3~5개도 있고 둥근 콩팥 모양으로 우유빛을 띠고 7~9월에 붉은 색으로 익는다.

1. 인삼(人蔘, 자연산삼) *Panax ginseng* C. A. Meyer

1.줄기,잎,꽃 2.수술(꽃잎제거)
3.암술(꽃잎과 수술제거) 4.열매
5.열매가 달린 모양 6.씨
7.근경(뇌두)와 뿌리

　　인삼속(*Panax.* L)식물 중에서 가장 신비한 약재로 인정받고 있으며, 우리나라(경남, 전남, 제주 제외). 중국의 요령성, 길림성, 흑룡강성 및 연해주 지방의 활엽수와 침엽수의 혼효림에서 자생한다. 또 우리나라의 전역과 중국의 길림성, 요령성, 하북성, 산서성, 운남성, 협서성, 호북성 등지에서 재배하고 있다. 일본에서는 막부시대에 도입하여 지금까지 재배하고 있으나 약효가 거의 없다. 줄기(莖)밑에 노두(蘆頭=뇌두, 根莖)는 땅속줄기이고 횡추(횡취, 가락지)가 있는 경우가 많다. 노두 밑에 육질의 방추형 모양의 뿌리가 있는데, 주로 이것을 약으로 이용한다. 꽃은 5월에 30~50개가 황록색으로 핀다. 열매는 6월에 맺혀서 8월에 연한 붉은 색으로 익는데, 종자는 콩팥 모양으로 2개가 있는데 연한 우유빛을 띤다.

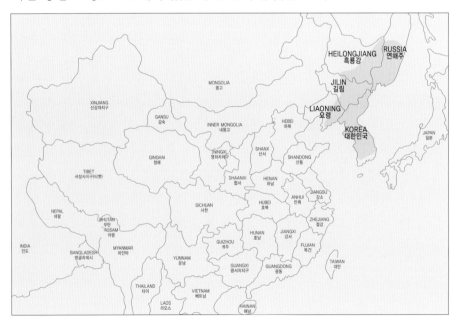

2. 히말라야삼(假參) *Panax pseudo-ginseng* Wall.

전 세계에서 네팔의 중부지역과 중국의 서쪽지역의 해발 2,100~4,300m의 고산에만 분포하는 희귀 종이다. 노두는 대나무의 땅속줄기 모양으로 옆으로 뻗고, 뿌리는 육질의 긴 원추 모양이다. 꽃은 6~7월에 황녹색으로 피고 열매는 편구형(납작한 둥근 모양)으로 8~9월에 붉은 색으로 익는다.

1.꽃,줄기,잎,노두,뿌리
2.잎의 가장자리와 털
3.수술(꽃잎제거)

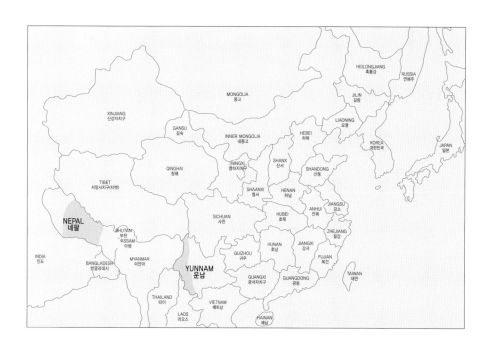

3. 삼칠삼(三七參)
Panax pseudo-ginseng Wall. var. *pseudo-ginseng* Wall.

전 세계에서 중국의 서장(티벳)과 네팔의 2,400~4,200m의 고산에 자라는 히말라야삼의 원 변종이다. 노두는 대나무의 땅속줄기처럼 가늘고 짧으며, 옆으로 뻗는다. 뿌리는 노두에 붙어 있고 육질의 원주형이다. 꽃은 20~50개가 연한 황록색으로 6~7월에 핀다. 열매는 아직까지 발견된 적이 없는 희귀식물이다.

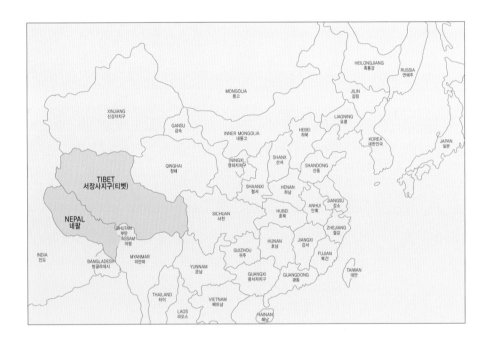

4. 전칠삼(田七參)
Panax pseudo-ginseng Wall. var. *notoginseng* (Burkill) Hoo et Tseng

히말라야삼의 변종으로 야생으로는 발견된 적이 없지만 중국의 운남성, 광서성, 사천성 및 호북성에서 재배해 왔고, 근래에는 중국의 광동성, 복건성, 절강성 등지에서 시험 육종하는데 400~1,800m 산지의 산림 밑이나 산 비탈에 두렁을 만들어 심는다. 지하 부분은 처음 2~3년은 곧게 자라나 4년 이상이 되면 옆으로 뻗는다. 꽃은 많아서 80~100개가 6~7월에 황녹색으로 피고 8~9월에 붉은색으로 익는다.

1.줄기, 잎, 꽃, 노두, 뿌리
2.수술과 암술(꽃잎과 수술 일부제거)
3.열매

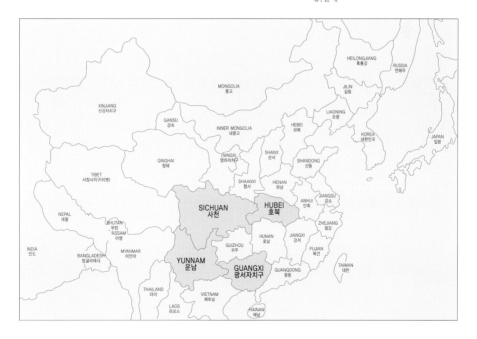

5. 협엽가삼(狹葉假參)
Panax pseudo-ginseng Wall. var. *angutifolius* (Burkill) Li

히말라야삼의 변종으로, 인도의 동부(시킴)과 네팔, 부탄 등지와 중국의 사천성과 귀주성에 자생한다. 노두는 대나무의 땅속줄기처럼 가늘고 길며, 마디가 있으며 뿌리는 방추 모양의 다육질이다. 잎의 모양은 길이 8~10㎝, 너비 2.5~3.5㎝로 길이가 너비의 5배 이상으로 상당히 길쭉하다. 잎의 표면과 아래 면의 맥 위에 모두 털이 있다.

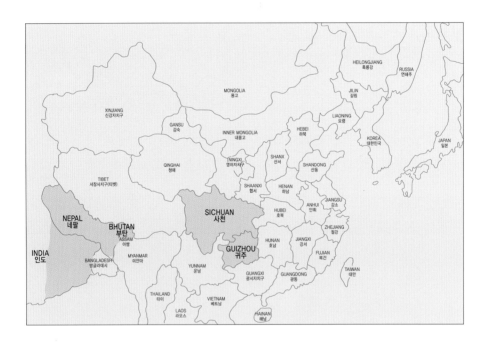

6. 수려가삼(秀麗假蔘)
Panax pseudo-ginseng Wall. var. *elegantior* (Burkill) Hoo et Tseng

히말라야삼의 변종으로, 중국의 감숙성, 협서성, 호북성, 사천성, 운남성과 서장(티벳) 등지의 해발 1,800~3,500m의 고산지역에 자란다. 노두의 앞부분은 긴 실에 꿰인 구슬 모양이고, 뒷부분은 대나무의 땅속줄기 모양이다. 잎의 끝 부분(葉先)은 아주 뾰족하고, 잎의 밑부분(葉底)도 쐐기 모양으로 가름하다. 잎의 가장자리(葉緣)는 톱니 모양이 아닌 밋밋한 모양이다.

1. 근경(앞 부분은 대나무 뿌리 모양 뒷 부분은 실에 꿴 구슬 모양)
2. 소엽의 끝이나 저부 모두 뾰족하다

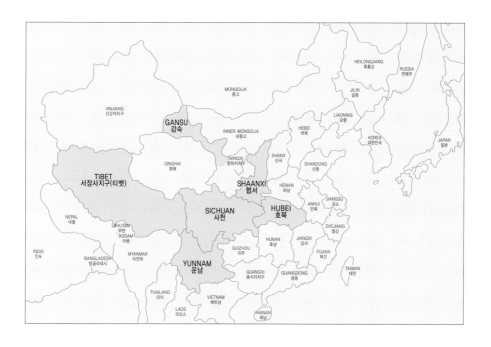

7. 죽절삼(竹節參)
Panax pseudo-ginseng Wall. var. *japonica* (C. A. Meyer) Hoo et Tseng

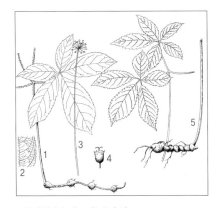

1.근경(구슬을 꿴 모양),줄기,잎
2.소엽 뒷 면의 털과 잎 가장자리
3.화경과 화서(꽃차례) 4.암술(꽃잎과 수술 제거)
5.근경(대나무 마디 모양)

히말라야삼의 변종으로, 네팔, 베트
남, 미얀마, 일본(혹까이도, 혼슈, 시꼬
꾸, 규수)에 분포하고, 중국에서는 감
숙성, 협서성, 광서성, 하남성, 운남성,
사천성, 귀주성, 호북성, 호남성, 안휘
성, 강서성, 절강성, 복건성 등지의 해
발 1,200~1,400m의 산림 아래에서
자생한다. 한국에서는 유일하게 경남
산청군의 한 곳에서만 발견되었다. 분
포지역이 광범위하다. 노두는 대나무의
땅속줄기 모양, 실에 꿴 구슬 모양 또는

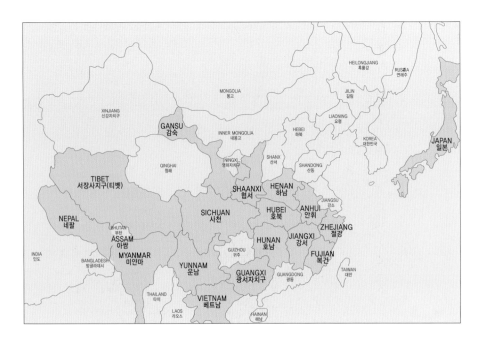

2가지 형태가 혼합된 것 등 3가지이다. 뿌리는 보통 팽대되지 않고, 가는 모양이나 드물게 팽대되어 원주 모양의 육질 근을 만들기도 한다. 잎의 길이는 10~30㎝로 매우 크고, 길이가 폭의 2~4배이다. 꽃은 6~8월에 녹황색으로 다수이며, 열매는 둥근 모양으로 9~10월에 익는다.

8. 아미삼칠삼(峨眉三七參)
Panax pseudo-ginseng Wall. var. *wagnianus* (Seem.) Hoo et Tseng

히말라야삼의 변종으로, 중국의 운남성, 광서성, 귀주성, 사천성, 강서성, 호남성과 서장(티벳)에 자생한다. 노두는 대나무의 땅속줄기 같이 긴 형태와 구슬을 꿴 모양의 혼합형이다. 잎은 비교적 작고, 잎자루는 비교적 길다.

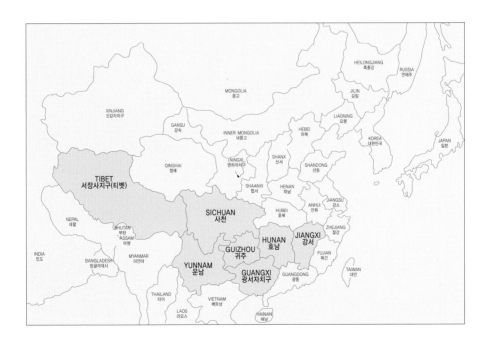

9. 우엽삼칠삼(羽葉三七參)
Panax pseudo-ginseng Wall. var. *bipinnatifidus* (Seem.) Li

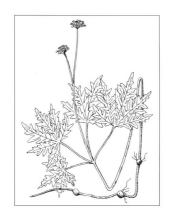

히말라야삼의 변종으로, 네팔, 인도, 미얀마와 중국의 서장(티벳), 운남성, 협서성, 감숙성, 사천성, 호북성 등지의 해발 1,900~3,200m의 고산지대의 산림 밑에서 자생한다. 노두는 실에 꿴 구슬 모양이고, 뿌리는 실 모양이나 드물게 팽대하여 다육질인 것도 있다. 잎은 갈라져 깊게 파인 깃털 모양의 우상복엽을 만든다. 우상복엽은 길이 5~9cm, 폭 2~4cm의 긴 타원형이다. 꽃은 우산 모양의 산형화서이고 화경(꽃대)은 줄기 끝에 1개가 생긴 후 가지가 둘로 갈라져 2개의 화서를 형성

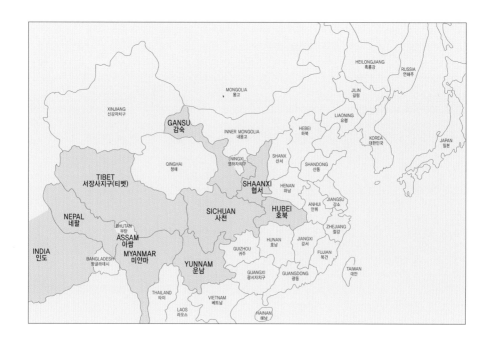

한다. 꽃은 연한 녹색으로 6~7월에 핀다. 열매는 평평한 둥근 모양으로 8~10월에 붉은색으로 익으며, 그 끝 부분은 검은 점이 있다.

10. 강삼삼칠삼(薑狀三七參) *Panax zingiberensis* C. Y. Wu et K. M. Feng

중국 운남성에서 주로 재배하고, 야생으로는 발견하기 어렵다. 노두는 생강 모양이다. 잎의 가장자리는 두꺼운 톱니 모양이고 잎의 앞뒷면의 맥 위에 1~1.5㎜의 거친 털이 성기게 나 있다. 꽃은 산형화서로 6~7월에 80~100개의 작은 꽃이 자색으로 핀다. 꽃은 일찍 시든다. 열매는 8~9월에 계란 모양의 둥근 형태이고 붉은색이나 완전히 익으면 검은색이 된다. 종자는 흰색으로 약간 주름이 져 있다.

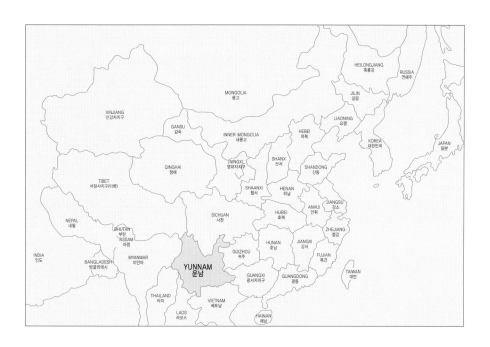

11. 서양삼(西洋參) *Panax quinquefolius* L.

　미국의 동북부와 캐나다의 동부지역에 분포한다. 뿌리는 방추형으로 둘로 갈라지기도 한다. 잎은 장상복엽으로 보통 5개 잎이 달린다. 꽃자루는 잎자루보다 짧다. 꽃은 산형화서로 작은 꽃이 6~20개가 여름에 핀다. 열매는 장과(漿果)로 익으면 붉은 색을 띤다. 1716년 캐나다에서 처음 발견되었다.

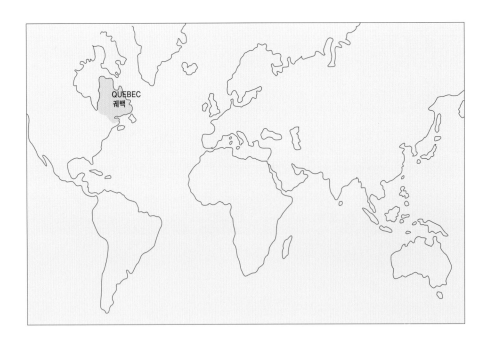

12. 삼엽삼(三葉參) *Panax trifolius* L.

미국의 위스콘신주, 조지아주, 켄터키주 등
지와 캐나다의 퀘백과 온타리오 지역에 자생하
고 재배되는 것은 없다. 잎이 항상 세 개씩 붙
어 있다. 4개의 큰 잎자루에 각각 3개씩의 잎
이 붙는다. 뿌리는 호두 모양 이어서 땅콩삼
(*groundnut ginseng*) 또는 키가 작아서 난쟁이삼
(*dwarf ginseng*)이라 부른다.

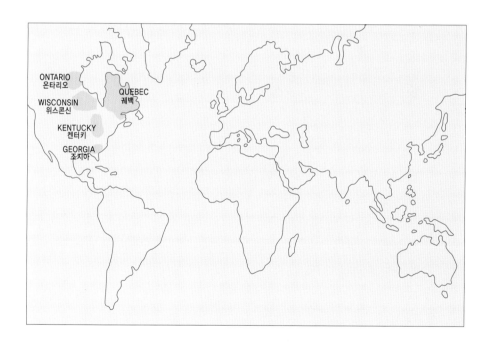

13. 주자삼 *Panax pseudo-ginseng* Wall. var. *major* Burkill

중국 남부지방에 자생하는 것으로 알려져 있으나, 확실한 현지 확인이 요구되는 종류이다. 다년생 초본으로 노두는 생강 모양의 육질 부분이 불규칙하게 팽대되어 있고, 장상복엽은 3개의 잎자루로 복엽을 만들고 각 잎자루에는 작은 잎이 5개씩 붙어 있다. 잎은 긴 타원형이고, 잎의 윗부분이 가장 넓고, 가장자리는 세밀한 거친 톱니 모양을 하고 있다. 다른 종류와 비교하여 근경과 잎의 형태가 특이하다.

중앙생활사
중앙경제평론사

Joongang Life Publishing Co./Joongang Economy Publishing Co.

중앙생활사는 건강한 생활, 행복한 삶을 일군다는 신념 아래 설립된 건강 · 실용서 전문 출판사로서
치열한 생존경쟁에 심신이 지친 현대인에게 건강과 생활의 지혜를 주는 책을 발간하고 있습니다.

나도 산삼을 캘 수 있다 ② (최신판)
How to Find Wild Ginseng ㎖

초판 1쇄 발행 | 2005년 1월 13일
초판 5쇄 발행 | 2012년 2월 15일

지은이 | 대한자연산삼연구소(Korean Research Institute For Natural Ginseng)
펴낸이 | 최점옥(Jeomog Choi)
펴낸곳 | 중앙생활사(Joongang Life Publishing Co.)

대 표 | 김용주
편 집 | 한옥수
기 획 | 정두철
디자인 | 이여비
마케팅 | 서선교
관 리 | 김영진
인터넷 | 김회승

출력 | 국제피알 종이 | 타라유통   인쇄 · 제본 | 삼덕정판사

잘못된 책은 바꾸어 드립니다.
가격은 표지 뒷면에 있습니다.

ISBN 89-89634-76-8(03480)

등록 | 1999년 1월 16일 제2-2730호
주소 | ⓟ 100-826 서울시 중구 다산로20길 5(신당4동 340-128) 중앙빌딩 4층
전화 | (02)2253-4463(代) 팩스 | (02)2253-7988
홈페이지 | www.japub.co.kr 이메일 | japub@naver.com | japub21@empas.com
♣ 중앙생활사는 중앙경제평론사 · 중앙에듀북스와 자매회사입니다.

▶ 홈페이지에서 구입하시면 많은 혜택이 있습니다.

※ 이 도서의 국립중앙도서관 출판시도서목록(CIP)은 e-CIP 홈페이지(www.nl.go.kr/cip.php)에서
  이용하실 수 있습니다.(CIP제어번호: CIP2004002127)